板材热介质成形技术

Warm/Hot Medium Forming of Sheet Metal

郎利辉　王耀　著

国防工业出版社
·北京·

图书在版编目（CIP）数据

板材热介质成形技术 / 郎利辉,王耀著. — 北京：
国防工业出版社，2023.1
　ISBN 978-7-118-12763-8

　Ⅰ.①板… Ⅱ.①郎… ②王… Ⅲ.①板材—热介质
—成型 Ⅳ.① TB35

中国版本图书馆 CIP 数据核字（2023）第 005690 号

※

*国防工业出版社*出版发行
（北京市海淀区紫竹院南路 23 号　邮政编码 100048）
北京龙世杰印刷有限公司印刷
新华书店经售

*

开本 710×1000　1/16　印张 15½　字数 237 千字
2023 年 1 月第 1 版第 1 次印刷　印数 1—1500 册　定价 168.00 元

（本书如有印装错误，我社负责调换）

| 国防书店：(010)88540777 | 书店传真：(010)88540776 |
| 发行业务：(010)88540717 | 发行传真：(010)88540762 |

致 读 者

本书由中央军委装备发展部**国防科技图书出版基金**资助出版。

为了促进国防科技和武器装备发展，加强社会主义物质文明和精神文明建设，培养优秀科技人才，确保国防科技优秀图书的出版，原国防科工委于1988年初决定每年拨出专款，设立国防科技图书出版基金，成立评审委员会，扶持、审定出版国防科技优秀图书。这是一项具有深远意义的创举。

国防科技图书出版基金资助的对象是：

1. 在国防科学技术领域中，学术水平高，内容有创见，在学科上居领先地位的基础科学理论图书；在工程技术理论方面有突破的应用科学专著。

2. 学术思想新颖，内容具体、实用，对国防科技和武器装备发展具有较大推动作用的专著；密切结合国防现代化和武器装备现代化需要的高新技术内容的专著。

3. 有重要发展前景和有重大开拓使用价值，密切结合国防现代化和武器装备现代化需要的新工艺、新材料内容的专著。

4. 填补目前我国科技领域空白并具有军事应用前景的薄弱学科和边缘学科的科技图书。

国防科技图书出版基金评审委员会在中央军委装备发展部的领导下开展工作，负责掌握出版基金的使用方向，评审受理的图书选题，决定资助的图书选题和资助金额，以及决定中断或取消资助等。经评审给予资助的图书，由国防工业出版社出版发行。

国防科技和武器装备发展已经取得了举世瞩目的成就，国防科技图书承担着记载和弘扬这些成就，积累和传播科技知识的使命。开展好评审工作，使有限的基金发挥出巨大的效能，需要不断摸索、认真总结和及时改进，更需要国防科技和武器装备建设战线广大科技工作者、专家、教授，以及社会各界朋友的热情支持。

让我们携起手来，为祖国昌盛、科技腾飞、出版繁荣而共同奋斗！

国防科技图书出版基金
评审委员会

国防科技图书出版基金
2020 年度评审委员会组成人员

主 任 委 员 吴有生

副主任委员 郝　刚

秘 书 长 郝　刚

副 秘 书 长 刘　华

委　　　员（按姓氏笔画排序）

于登云　王清贤　甘晓华　邢海鹰　巩水利
刘　宏　孙秀冬　芮筱亭　杨　伟　杨德森
吴宏鑫　肖志力　初军田　张良培　陆　军
陈小前　赵万生　赵凤起　郭志强　唐志共
康　锐　韩祖南　魏炳波

前　言

板材热介质成形是一种新的板料软模成形技术，采用某种高温传力介质，如高温高压油、高温橡胶等黏性介质、固态的特种粉末等作为软凸（凹）模，再用一刚性凹（凸）模，在传力介质的作用下使板材成形。热介质成形技术是21世纪创新性技术，2004年被美国莱特基金建议作为重点资助使其产业化的对象之一。近年来，热介质成形技术在世界范围内的航空、航天及汽车等领域开始逐步进入工业应用阶段，成为当前板材加工技术的主要趋势之一。

板材热介质成形技术满足工艺与材料革新对减重的双重要求，单独来看，板材柔性介质成形与热成形均是工业应用的先进成形技术，都具备提高材料成形性的特点。而热介质成形是一种集上述工艺于一体的复合工艺，具有柔性介质成形与热成形双重优势。热介质成形使室温塑性差的轻质合金材料塑性成形范围增大，成形极限提高，成形温度较热成形低，所需压力比室温柔性介质成形小。热介质成形设备与传统设备相比，在成形相同或相近复杂程度的零件且在各工艺能力范围内的情况下，前者所需成形吨位较常温流体介质成形小30%~50%，比落锤等传统冲压成形小70%左右，与普通热成形相比温度降低45%左右。热介质成形设备前期投入较高，表现在加热炉或增压源设置上，与常温流体介质成形相比增加15%~20%，与普通落锤冲压设备相比增加68%左右，但因后续多道次校形模具总装及退火等中间工艺，所以热介质成形设备节省约35%。

本书著者及其团队从1995年开始对板材充液成形技术进行研究，具有较好的研究基础及成果。在"十三五"装备预研共用技术项目、国防基础研究、总装预研重点基金、国家科技支撑计划、国防973、国家科技重大专项及国家自然科学基金等项目的支持下，先后进行了板材充液成形和热介质成形技术的研究，包括基础理论、数值仿真、材料性能、工艺设计与优化、模具设计、成形装备研制等，并研制生产了国内第一台板材热介质充液成形专用机、充液冲击成形设备以及热介质胀形机、三轴高温高压加载试验机等，取得了诸多的研发经验。近年来，在中国航发沈阳黎明发动机（集团）有限责任公司、沈阳飞机工业（集团）有限公司、成都飞机工业（集团）有限责任公司、陕西飞机工业（集团）有限公司、上海飞机制造有限公司、西安飞机工业（集团）有限责任公司、航空制造技术研究院等的资助下针对多项典型难成形零件进行了工艺分析、理论和试验研究，取得了良好的效果。

全书共10章，第2~5章介绍板材热介质充液成形技术，包括热介质充液成形韧性断裂准则M-K模型、基于DFC M-K模型的成形极限、热介质充液成形起皱失稳规律及充液热胀形基本规律；第6~8章介绍固体颗粒介质成形技术，包括固体颗粒介质成形流动模型、高温固体颗粒介质成形试验及固体颗粒介质成形数值仿真技术；第9~10章介绍两种基于充液成形的衍生工艺，包括复杂多/小特征结构充液复合成形及回弹分析、大尺寸/局部特征结构充液复合成形工艺。

本书由郎利辉、王耀撰写。李涛博士、蔡高参博士、杨希英博士、刘康宁博士、孙志莹博士、王耀博士、张泉达博士及李奎、巫永坤等为本书的出版也付出了很多辛苦，再此表示感谢。同时，衷心感谢国防科技图书出版基金的持续支持，作者2014年在该出版基金的资助下出版了《板材充液先进成形技术》，图书介绍常温充液成形规律及部分充液热成形理论。2015年后，作者及其团队深入研究板材热介质成形技术，探究了在温度和传力介质双重作用下的板材基本变形理论，本书内容是对前述成果的传承、延伸与提升。此外，对多年来合作伙伴的大力支持表示感谢，并且特别感谢苑世剑教授和姜鹏研究员对本书的推荐以及国防工业出版社的大力支持。

由于作者水平所限，不足之处在所难免，恳请广大读者批评指正。

作者
2021年10月

目 录

第1章 概论 ... 1

1.1 引言 ... 1
1.2 热介质充液成形技术发展概况 ... 2
1.2.1 板材热介质充液成形工艺介绍 ... 2
1.2.2 热介质充液成形研究现状 ... 6
1.3 颗粒介质成形技术 ... 13
1.3.1 颗粒介质成形工艺介绍 ... 13
1.3.2 颗粒介质成形研究现状 ... 15

参考文献 ... 21

第2章 热介质充液成形 DFC-MK 模型 ... 26

2.1 DFC-MK 模型理论基础 ... 26
2.1.1 三维应力 MK 模型 ... 26
2.1.2 韧性断裂准则 ... 27
2.1.3 屈服准则 ... 28
2.1.4 应力-应变曲线 ... 29
2.2 DFC-MK 模型计算 ... 31
2.2.1 DFC-MK 模型的分析求解过程 ... 31
2.2.2 DFC-MK 模型的计算过程分析 ... 34
2.2.3 DFC-MK 模型中常数 C 和 f_0 的确定 ... 37

2.3 试验验证及影响因素分析 ………………………………………… 40
  2.3.1 椭圆凹模液压胀形适用性论证 ………………………………… 40
  2.3.2 应变率与压力变化率转换 …………………………………… 43
  2.3.3 试验结果分析 ………………………………………………… 45
  2.3.4 DFC-MK 模型验证 …………………………………………… 49

参考文献 …………………………………………………………………… 51

第 3 章 基于 DFC-MK 模型的成形极限 ……………………… 53

3.1 变应变路径下 DFC-MK 模型验证 …………………………………… 53
  3.1.1 变应变路径下成形极限图计算方法 ………………………… 53
  3.1.2 理论预测与试验结果对比 …………………………………… 55

3.2 基于 DFC-MK 模型的路径无关成形极限判据 ……………………… 58
  3.2.1 成形极限应力图 ……………………………………………… 58
  3.2.2 扩展成形极限图 ……………………………………………… 60
  3.2.3 极坐标等效塑性应变图 ……………………………………… 60
  3.2.4 扩展成形极限应力图 ………………………………………… 62

3.3 变应变路径下板材成形极限影响因素分析 ………………………… 63
  3.3.1 预应变对板材成形极限的影响 ……………………………… 63
  3.3.2 退火处理对板材成形极限的影响 …………………………… 65

第 4 章 热介质充液成形起皱失稳规律 ………………………… 68

4.1 法兰起皱解析模型 ……………………………………………………… 68
  4.1.1 理论分析基础 ………………………………………………… 68
  4.1.2 法兰变形区的应力应变分析 ………………………………… 68
  4.1.3 法兰起皱临界压边力计算 …………………………………… 72

4.2 理论预测结果分析 ……………………………………………………… 77

目录

4.2.1 筒形件充液热拉深试验 …………………………………… 77
4.2.2 法兰起皱影响因素分析 …………………………………… 86

4.3 回转薄壁件充液热拉深解析模型 …………………………………… 89
4.3.1 假设条件 …………………………………………………… 89
4.3.2 几何模型 …………………………………………………… 89
4.3.3 应力模型 …………………………………………………… 91

4.4 悬空区失稳临界条件 ………………………………………………… 95
4.4.1 破裂失稳临界条件 ………………………………………… 95
4.4.2 起皱失稳临界条件 ………………………………………… 96

4.5 解析模型验证及失稳分析 …………………………………………… 100
4.5.1 悬空区破裂失稳分析 ……………………………………… 100
4.5.2 悬空区起皱失稳分析 ……………………………………… 102

第 5 章 充液热胀形基本规律 ……………………………………………… 105

5.1 充液热胀形基本原理 ………………………………………………… 105

5.2 充液热胀形试验过程力学分析 ……………………………………… 106

5.3 充液热胀形数值模拟及试验研究 …………………………………… 108
5.3.1 充液热胀形试验条件 ……………………………………… 108
5.3.2 有限元分析模型的建立 …………………………………… 108
5.3.3 应力的分布规律 …………………………………………… 110
5.3.4 应变的分布规律 …………………………………………… 111
5.3.5 厚度的分布规律 …………………………………………… 114
5.3.6 胀形高度 …………………………………………………… 116

第 6 章 固体颗粒介质成形流动模型 ……………………………………… 118

6.1 颗粒介质力学性能试验研究 ………………………………………… 118

6.1.1 颗粒传压介质介绍 …………………………………………………… 118
6.1.2 三轴围压试验简介 …………………………………………………… 119
6.1.3 三轴围压试验结果分析 ……………………………………………… 120

6.2 颗粒介质弹-塑性模型研究 …………………………………………………… 121
6.2.1 颗粒介质弹-塑性模型简介 …………………………………………… 121
6.2.2 莫尔-库仑模型及参数确定 …………………………………………… 124
6.2.3 德鲁克-普拉格模型及参数确定 ……………………………………… 127

6.3 颗粒介质非线性弹性模型研究 ………………………………………………… 128
6.3.1 邓肯-张模型及参数确定 ……………………………………………… 128
6.3.2 基于 VUMAT 子程序的颗粒介质模型二次开发 ………………………… 133

第 7 章 高温固体颗粒介质成形试验 …………………………………………… 138

7.1 试验条件介绍 ………………………………………………………………… 138
7.1.1 颗粒介质成形模具设计 ……………………………………………… 138
7.1.2 机架及加热系统设计 ………………………………………………… 140

7.2 颗粒介质成形试验结果及分析 ………………………………………………… 142
7.2.1 TA1 板材常温条件下颗粒介质成形试验 …………………………… 142
7.2.2 TA1 板材高温条件下颗粒介质成形试验 …………………………… 146
7.2.3 TC4 板材高温条件下颗粒介质成形试验 …………………………… 148

第 8 章 固体颗粒介质成形数值仿真技术 ……………………………………… 150

8.1 耦合欧拉-拉格朗日算法介绍 ………………………………………………… 150
8.1.1 欧拉描述与拉格朗日描述 …………………………………………… 150
8.1.2 颗粒介质成形过程耦合欧拉-拉格朗日仿真建模 …………………… 151

8.2 常温条件下耦合欧拉-拉格朗日算法计算结果与分析 ……………………… 153

8.2.1 常温条件下耦合欧拉-拉格朗日算法变形分析 ………… 153

8.2.2 颗粒介质成形过程剪胀行为研究 ………………………… 155

8.2.3 常温条件下耦合欧拉-拉格朗日算法计算精度评估 …… 157

8.3 基于传统拉格朗日算法对比研究 ……………………………… 160

8.3.1 小变形条件下计算精度分析 ……………………………… 160

8.3.2 大变形条件下网格变形分析 ……………………………… 161

8.4 高温黏塑性统一本构模型计算及验证 ………………………… 163

8.4.1 利用动态显式算法计算黏塑性本构模型时的几点考虑 … 163

8.4.2 黏塑性模型计算精度分析 ………………………………… 164

8.4.3 加载速率对板材成形性能影响规律分析 ………………… 164

第 9 章 复杂多/小特征结构充液复合成形及回弹分析 ………… 167

9.1 汽车发动机罩内板成形工艺条件 ……………………………… 167

9.1.1 零件与材料 ………………………………………………… 167

9.1.2 刚柔耦合顺序加载成形工艺 ……………………………… 168

9.1.3 试验设备与模具 …………………………………………… 169

9.1.4 数值模拟条件 ……………………………………………… 170

9.2 成形结果与分析 ………………………………………………… 171

9.2.1 液压力加载路径及刚柔效应对内板成形质量的影响 …… 171

9.2.2 压边力对内板失稳控制的影响 …………………………… 176

9.2.3 拉延筋对内板失稳控制的影响 …………………………… 179

9.3 发动机罩内板回弹试验 ………………………………………… 181

9.3.1 测量设备与方案 …………………………………………… 181

9.3.2 测量结果与分析 …………………………………………… 182

9.4 发动机罩内板回弹有限元分析 ………………………………… 185

9.4.1 有限元模型 ………………………………………………… 185

9.4.2 内板回弹特征 186
9.4.3 典型回弹模型对内板回弹的影响 186

第10章 大尺寸/局部特征结构充液复合成形工艺 190

10.1 充液复合成形工艺 190
10.2 材料的选择原则 191
10.3 工艺方案分析 192
10.3.1 尺寸结构分析 192
10.3.2 充液成形冲压方向确定 193
10.3.3 坯料优化 193
10.3.4 局部特征成形性分析 194
10.3.5 复合成形工艺方案的确定 195

10.4 复合成形工艺有限元模拟技术分析 198
10.4.1 复合成形工艺有限元模型 198
10.4.2 复合成形工艺有限元模拟结果分析 200
10.4.3 充液成形过程的回弹模拟仿真分析 204

10.5 试验过程研究 205
10.5.1 试验模具 205
10.5.2 加载路径匹配关系的试验研究 208
10.5.3 充液成形过程的精度控制结果分析 210
10.5.4 试验零件 212
10.5.5 局部整形工艺的试验与数值模拟结果对比 213
10.5.6 零件贴模性的试验验证 216

10.6 复合成形工艺过程变形分析 217

后记 224

Contents

Chapter 1 Introduction ... 1

1.1 Introduction ... 1
1.2 Development of warm/hot medium forming technology ... 2
   1.2.1 Introduction of sheet warm/hot hydrofoming ... 2
   1.2.2 Research development of warm/hot hydrofoming ... 6
1.3 Solid granular medium forming technology ... 13
   1.3.1 Introduction of granular medium forming ... 13
   1.3.2 Research development of granular medium forming ... 15
References ... 21

Chapter 2 DFC-MK model of warm/hot hydrofoming ... 26

2.1 Theoretical basis of DFC-MK model ... 26
   2.1.1 3D stress MK model ... 26
   2.1.2 Ductile fracture criterion ... 27
   2.1.3 Yield criterion ... 28
   2.1.4 Stress-strain curve ... 29
2.2 DFC-MK model calculation ... 31
   2.2.1 Analysis and solution process of DFC-MK model ... 31
   2.2.2 Analysis of calculation process of DFC-MK model ... 34
   2.2.3 Determination of constant C and f_0 in DFC-MK model ... 37

2.3 Experimental verification and analysis of influencing factors ······ 40

    2.3.1 Applicability demonstration of elliptical hydraulic bulging ······ 40

    2.3.2 Conversion between strain rate and pressure rate ······ 43

    2.3.3 Analysis of test results ······ 45

    2.3.4 DFC-MK model validation ······ 49

References ······ 52

Chapter 3 The forming limit based on DFC-MK model ······ 53

3.1 Verification of DFC-MK model under strain path ······ 53

    3.1.1 FLD calculation method under strain path ······ 53

    3.1.2 Comparison between theoretical and experimental results ······ 55

3.2 Path independent forming limit criterion based on DFC-MK model ······ 58

    3.2.1 Forming limit stress diagram ······ 58

    3.2.2 Extended forming limit diagram ······ 60

    3.2.3 Polar coordinate equivalent plastic strain diagram ······ 60

    3.2.4 Extended forming limit stress diagram ······ 62

3.3 Analysis on influencing factors of FLD under variable strain path ······ 63

    3.3.1 Effect of pre-strain on sheet forming limit ······ 63

    3.3.2 Effect of annealing treatment on sheet forming limit ······ 65

Chapter 4 Wrinkling and instability law of warm/hot hydrofoming ······ 68

4.1 Analytical model of flange wrinkling ······ 68

4.1.1 Basis of theoretical analysis ·· 68
4.1.2 Stress-strain analysis of flange deformation zone ···················· 68
4.1.3 Calculation of critical blank holder force for flange wrinkling ······ 72

4.2 Analysis of theoretical prediction results ························ 77

4.2.1 Warm/hot hydrofoming experiment of cylindrical part ··············· 77
4.2.2 Analysis on Influencing Factors of flange wrinkling ················· 86

4.3 Analytical model of warm/hot hydrofoming of rotary thin-walled parts ·· 89

4.3.1 Hypothetical conditions ·· 89
4.3.2 Geometric model ·· 89
4.3.3 Stress model ··· 91

4.4 Critical condition of instability in suspended zone ············ 95

4.4.1 Critical condition of fracture instability ································· 95
4.4.2 Critical condition of wrinkling instability ······························· 96

4.5 Analytical model verification and instability analysis ······ 100

4.5.1 Fracture instability analysis of suspended zone ···················· 100
4.5.2 Wrinkling instability analysis of suspended area ···················· 102

Chapter 5 Basic law of warm/hot hydro-bulging ······ 105

5.1 Basic principle ·· 105

5.2 Mechanical analysis ··· 106

5.3 Numerical simulation and experimental study ················ 108

5.3.1 Experimental conditions ·· 108
5.3.2 Establishment of finite element analysis model ···················· 108
5.3.3 Distribution law of stresses ··· 110
5.3.4 Distribution law of strains ··· 111

5.3.5　Distribution law of thicknesses ……………………………… 114
5.3.6　Bulging height ………………………………………………… 116

Chapter 6　The flow model of solid granular medium forming ………………………… 118

6.1　Mechanical properties experiment of granular medium ……………………………………………………… 118

6.1.1　Introduction to granular pressure medium ……………… 118
6.1.2　Triaxial confining pressure test ………………………… 119
6.1.3　Experimental results and analysis ……………………… 120

6.2　Elastic-plastic model of granular medium ……………… 121

6.2.1　Brief introduction of elastic-plastic model of granular medium ……………………………………………………… 121
6.2.2　Mohr-Coulomb model and parameter determination …… 124
6.2.3　Drucker-Prager model and parameter determination …… 127

6.3　Nonlinear elastic model of granular medium …………… 128

6.3.1　Duncan-Chang model and parameter determination …… 128
6.3.2　Development of granular medium model based on VUMAT subroutine ……………………………………………… 133

References ……………………………………………………… 138

Chapter 7　Forming experiment of high temperature solid granular medium ……………………… 138

7.1　Test conditions ……………………………………………… 138

7.1.1　Mould design ……………………………………………… 138

7.1.2　Frame and heating system design ·················· 140

7.2　Experimental results and analysis ···················· 142

7.2.1　Forming experiment at room temperature of TA1 sheet ············ 142

7.2.2　Forming experiment at high temperature of TA1 sheet ············ 146

7.2.3　Forming experiment at high temperature of TC4 sheet ············ 148

Chapter 8　Numerical simulation technology of solid granular medium forming ························ 150

8.1　Introduction of coupled Euler Lagrange algorithm ········· 150

8.1.1　Euler description and Lagrange description ························· 150

8.1.2　CEL simulation modeling ································· 151

8.2　Calculation results and analysis of CEL algorithm at room temperature ·················· 153

8.2.1　Deformation analysis of CEL algorithm ····················· 153

8.2.2　Shear-bulging behavior of granular medium forming process ······ 155

8.2.3　Computational accuracy evaluation of CEL algorithm ············· 157

8.3　Comparative study based on traditional Lagrangian algorithm ·················· 160

8.3.1　Analysis of calculation accuracy under small deformation ·········· 160

8.3.2　Mesh deformation analysis under large deformation ············· 161

8.4　Calculation and verification of high temperature viscoplastic unified constitutive model ·················· 163

8.4.1　Some considerations on dynamic explicit algorithm ················ 163

8.4.2　Accuracy analysis of viscoplastic model ···················· 164

8.4.3　Influence of loading rate on sheet formability ···················· 164

Chapter 9 Compound hydroforming and springback analysis of multi/small feature structure ⋯ 167

9.1 Forming process conditions of automobile engine hood inner plate ⋯ 167

9.1.1 Parts and materials ⋯ 167
9.1.2 Rigid-flexible coupling sequential loading forming process ⋯ 168
9.1.3 Experimental equipment and tooling ⋯ 169
9.1.4 Numerical simulation conditions ⋯ 170

9.2 Forming results and analysis ⋯ 171

9.2.1 Influence law of hydraulic pressure loading path and rigid flexible effect ⋯ 171
9.2.2 Influence of blank holder force on instability control ⋯ 176
9.2.3 Influence of drawbead on instability control ⋯ 179

9.3 Springback test of engine hood inner plate ⋯ 181

9.3.1 Measuring equipment and scheme ⋯ 181
9.3.2 Measurement results and analysis ⋯ 182

9.4 Finite element analysis of springback ⋯ 185

9.4.1 Finite element model ⋯ 185
9.4.2 Springback characteristics of inner plate ⋯ 186
9.4.3 Influence of typical springback model on springback ⋯ 186

Chapter 10 Compound hydroforming of large size/local characteristic structure ⋯ 190

10.1 Compound hydroforming process ⋯ 190

10.2 Selection principle of materials ⋯ 191

10.3 Process scheme analysis ... 192

10.3.1 Dimensional structure analysis ... 192
10.3.2 Direction determination in hydroforming ... 193
10.3.3 Blank optimization ... 193
10.3.4 Local feature formability analysis ... 194
10.3.5 Determination of compound forming process scheme ... 195

10.4 Finite element simulation technology ... 198

10.4.1 Finite element model ... 198
10.4.2 Finite element simulation results analysis ... 200
10.4.3 Springback simulation analysis of hydroforming ... 204

10.5 Experimental process research ... 205

10.5.1 Experimental tooling ... 205
10.5.2 Experimental study on load path matching relationship ... 208
10.5.3 Analysis of precision control results in hydroforming ... 210
10.5.4 Experimental parts ... 212
10.5.5 Comparison of experimental and FE results of local stamping process ... 213
10.5.6 Experimental verification of part moldability ... 216

10.6 Deformation analysis of compound hydroforming process ... 217

Postscript ... 224

第1章

概　论

1.1 / 引言

目前，随着节能减排及绿色制造等观念的深入人心，在制造业领域，轻量化制造技术得到了越来越多的关注与发展，并且已然成为当今相关行业发展方向及政府政策支持方向。例如，为了应对全球气候变暖，2008年，欧盟通过法案将航空领域纳入碳排放交易体系，我国也启动了相关立法工作。这些政策法规直接促使各大飞机、汽车等制造厂商对先进轻量化制造技术展开了积极的研究，其中最为突出的是5个大洲35个钢铁厂联合资助的UL（UltraLight）车身轻量化研究计划。由此促进了面向轻量化合金（如铝合金、高强钢、钛合金等）的板材先进成形技术的迅速发展。

轻量化金属薄壁类零部件在汽车制造及航空航天领域中的应用日益广泛。在汽车制造领域，为了兼顾减重及安全性需要，以22MnB5、27MnCrB5等为代表的高强钢（HSS）和高强铝合金等材料在中级车中所占比例不断增加，如车身框架中A柱、B柱、车顶纵梁、前保险杠、侧防撞梁、发动机罩、翼子板等结构件大量采用高强钢等轻量化材料，Mercedes公司C型车高强钢构件占白车身重量比例由设计之初的38%提高至74%（2007年）；Honda公司Civic型车也由32%提升至50%[1]。随着高强钢、高强铝合金等材料的大量使用，整车车身平均减重可达20%，由此可降低CO_2排放量12%~16%。在航空制造领域，先进轻量化材料及轻量化结构对于航空器全生命周期的经济性及安全性起着至关重要的作用，利用钛合金代替不锈钢材料可使发动机重量减轻40%～50%[2]，在美国F-22及F-35战斗机中钛合金使用量分别达到整机结构重量的41%及27%，在B-2轰炸机中钛合金使用量也达到了26%。随着先进飞行器结构功能的日益复杂，对钛合金等轻量化零件的要求也日益提高，其主要应用部位有机身框架、襟翼翼肋、隔热板、检修或应急舱门、宽弦风扇叶片及一些壁板件等，这些变化都对工程设计人员提出了新的要求。

现有轻量化金属板材成形技术存在诸多局限而不能满足目前制造业中的迫切需要。一般而言，轻量化金属材料室温条件下成形性能较差，若采用传统成形工艺加工往往需要多道次成形加上中间退火过程，导致成形零件工艺周期长、成本增加、尺寸精度差。而采用传统高温冲压工艺则容易出现起皱、破裂等现象。许多面向轻量化材料的先进成形方法虽然在一定程度上解决了材料成形的难题，但在应用过程中仍然存在若干技术问题。例如，超塑成形技术在航空航天领域中应用广泛，但该工艺仅仅适用于具有细晶特征的专用板材（如钛合金TC4、铝合金7475、铝锂合金1420等）复杂型面零件成形，并且难以解决高温低成形速率及壁厚减薄严重的技术瓶颈。目前，日本和瑞士等国家的汽车公司已采用超塑成形方法生产大型铝合金覆盖件，但由于细晶的超塑铝合金板材价格是普通板材的10倍左右，成本过高，其应用受到限制。

板材先进热介质成形技术是制造复杂薄壁类轻量化零件的重要途径之一，其利用热态流体或半流体介质代替刚性凸模或凹模对板材零件进行压力加工，使材料成形性得到极大的提高，可用来成形复杂薄壁件，成形零件精度大大改善，并且在面力加载作用下，板材受力状态得到极大的改善，可有效降低破裂、起皱等成形缺陷，显著提高成形零件的表面质量。

1.2　热介质充液成形技术发展概况

1.2.1　板材热介质充液成形工艺介绍

板材热介质充液成形是指利用高温高压流体（如高温高压油、固态粉末颗粒、耐高温橡胶、液态等离子水等）作为传力介质代替传统的凸模（主动式）或凹模（被动式），使板料在传力介质作用下贴附凸模（被动式）或凹模（主动式）而成形的一种塑性加工方法[3-6]。在适用于板材热介质充液成形的塑性材料中，铝合金和镁合金成形的传力介质可采用耐热油，而高强钢与钛合金可采用固体颗粒介质，并且镁合金和钛合金在成形中需要采取防高温氧化的必要措施。

根据流体作用方式和功能的不同，可将热介质充液成形分为主动式和被动式，其成形过程分别如图 1-1 和图 1-2 所示。主动式板材热介质充液成形也称为热态液压胀形，主要工艺步骤为：①放置板料至指定位置，凹模合模以避免法兰区域的板料向凹模内流动，然后加热凹模、下模、板料及流体介质至设定温度［图 1-1（a）］；②按照预设的介质压力加载曲线，通过压力转换装置对板料进行胀形［图 1-1（b）］；③在凹模型腔内开有一定数量的排气孔，在流体介质压力的作用下，直到板料与凹模型面完全贴合为止［图 1-1（c）］。

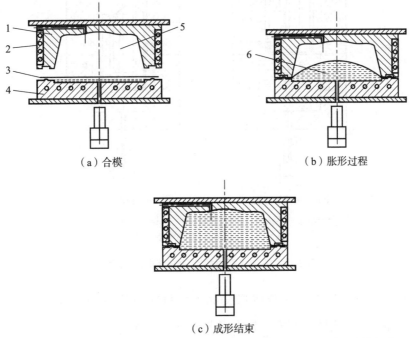

1—凹模；2—加热管；3—板料；4—下模；5—液室；6—高温高压流体介质。

图 1-1　主动式板材热介质充液成形示意图

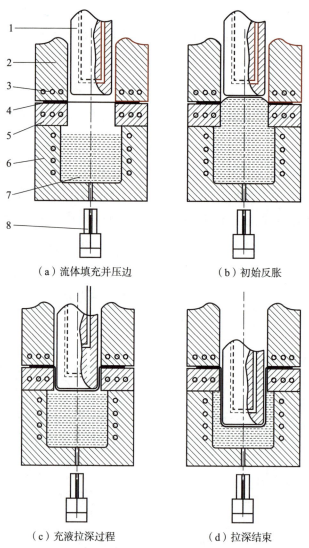

(a) 流体填充并压边　　(b) 初始反胀

(c) 充液拉深过程　　(d) 拉深结束

1—冷却凸模；2—压边圈；3—加热管；4—板料；5—凹模；6—液室；
7—高温高压流体介质；8—增压器。

图 1-2　被动式板材热介质充液成形示意图

被动式板材热介质充液成形又称为板材充液热拉深，其成形过程为：①将流体介质填满凹模型腔，根据工艺安排，放置板料至凹模上表面的合适位置，加热压边圈、凹模、板料及传力介质至设定温度[图1-2（a）]，其中，对于恒温成形，需要同时对凸模进行加热，若为差温成形，需要向凸模内通入冷却介质；②凸模下行至设定位置，利用压力转换装置对板料进行初始反胀，使其产生一定的预胀形量，并形成必要的液室压力［图 1-2（b）］；③凸模继续下行，同时压边圈以定间隙或变间隙、定压边力或变压边力方式控制压边力，流体介质压力与压边力匹配加载［图 1-2（c）］；④板料受流体介质压力作用而贴附在凸模上，最终成形出与凸模型面尺寸相一致的零件［图 1-2（d）］。

板料在成形过程中，流体介质在一定条件下可从板料与凹模的间隙中溢出，降低法兰区域的摩擦阻力，形成理想的溢流润滑效果[7-8]；而且，板料在流体介质的压力作用下，紧紧贴附在凸模上，与凸模之间形成有益摩擦。以上两点增加了板材的拉深极限，减少了零件表面划伤，提高了零件尺寸精度。

板材热介质充液成形过程影响因素有以下几点。

1. 板料材质及其成形性能

板料材质是影响板材热介质充液成形过程的主要因素，合格的轧制板材应具有厚度均匀、应变硬化指数高、应变率敏感指数高及表面品质良好无划痕的特性，如此才能提高热介质充液成形中板材的成形性能。

2. 加载路径

在板材热介质充液成形中，加载路径是指凹模型腔内的流体介质压力随凸模行程或时间的变化规律，与板料材质、厚度、尺寸、零件形状及成形温度相关。与常温充液成形不同，应变率敏感指数对热介质充液成形的影响较显著。应变率过大会降低板料内危险点的转移，从而影响成形性能；应变率过小则会造成零件成形周期长，降低生产效率。因此，应调整加载路径（主动式）或凸模速度（被动式），使应变率处于合理范围之内。

3. 摩擦条件

摩擦或润滑条件是影响板材热介质充液成形过程及零件质量的重要工艺参数。在主动式板材热介质充液成形中，减小摩擦可以促进板料流动，提高胀形高度及壁厚均匀性；在被动式板材热介质充液成形中，减小板料与凹模、压边圈之间的摩擦，可以降低拉深阻力，促进板料向内流动，增大板料与凸模间的摩擦，可以在流体介质压力作用下增加摩擦保持效果。

4. 成形设备

与常温下的设备相比，热介质充液成形设备的设计与制造更加复杂，需要考虑板料的特性、流体介质密封材质、成形的温度范围、保温及冷却措施、安全防护等因素。同时，应综合考虑减少成形周期、降低设备成本和增加试验便利性等因素，以提高系统的可靠度和实用性。

5. 流体介质

在对铝合金材料进行热介质充液成形时，流体介质可选用高温导热油和加热气体。两者比较而言，热油介质具有液体介质的低压缩性、高比热容、密封性好、压力高等优点，不足之处在于热油介质容易在高温下燃烧和挥发，无法像气体那样承受任意高温。通常，采用热油介质成形时，成形温度限制在350℃以下，最高压力可以达到120MPa，而采用加热气体成形时的成形温度可以很高，但是最高压力仅为60MPa，为前者的一半，否则将比较危险。

6. 热介质充液成形模具与工装[9]

在热介质充液成形中，模具与工装设计是否合理，同样对零件成形质量和成形过程产生重要的影响。主要因素包括：①模具的热胀冷缩效应；②模具加热方式、隔热装置及冷却管道的布置；③温度的测量与控制；④热介质的防护；⑤蒸汽的收集和过滤系统。

1.2.2 热介质充液成形研究现状

2001年，德国帕德博恩大学的Vollertsen[10]提出了采用加热油的方法进行铝合金液压成形，并讨论了这种工艺方法的优势和关键问题，给出了热介质成形系统的设计方案。所设计的设备与工装最高成形温度达到350℃，压力达到100MPa，板料和模具都用加热油进行加热，这样可以减小液体和模具之间的温度梯度，缩短板料的加热时间，提高生产效率。

2002年，Groche等[11]研究了铝合金板材的充液热拉深工艺，总结了3种提高极限拉深系数的措施：①通过加热压边圈和凹模，降低法兰区域板料的拉深阻力；②通过液体反胀产生"软拉深筋"效果，降低凹模圆角处的摩擦阻力；③通过增加板料与凸模之间的摩擦，降低凸模圆角处破裂危险。

2003年，德国斯图加特大学的Siegert等[12]利用热态拉伸对AZ31镁合金板材在不同成形温度条件下的成形性能进行了研究。同时，通过热态气压胀形确定了AZ31镁合金板板材的最佳成形温度为250~350℃。在随后进行的板材充液热拉深工艺研究中，得到如下结论：差温条件下，当介质温度在220~250℃区间变化时，对板材各点的等效应变影响很小；随着凸模温度的增加，凸模底部及圆角处的等效应变则有明显的提高。充液热拉深成形零件如图1-3所示。

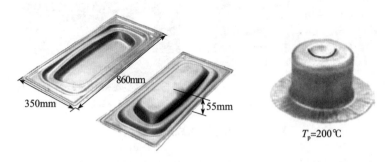

图1-3 充液热拉深成形零件

2003年，德国埃尔朗根-纽伦堡大学的Novotny等[13]研究了铝合金板材的热介质充液成形工艺，试验结果表明，不同的模具温度和流体介质温度影响拉深过程中板材的变形方式。在利用具有较高温度的模具和较低温度的流体介质成形时，法兰区域的板料较软，更易发生变形被拉入凹模内，拉深成分增加，凹模内的板料温度降低，强度提高，更加不易破裂，相应的应变也有所降低；在利用具有较低温度的模具和较高温度的流体介质成形时，法兰区域的板料不易被拉入凹模内，而凹模内的板料变形较大，胀形成分增加。随后，作者又对AA6016、AA5182和AZ31B主动式板材热介质充液成形进行了试验研究（图1-4）。在20℃时，由于塑性不足，板材在凹模圆角处的弯胀变形下发生早期破裂，当成形温度提高至230℃时，凹模圆角区域不再是成形危险点，并得到了变形程度更大的零件形状。通过对试验结果进行系统分析，作者认为铝合金板材的最佳成形温度为150~300℃，镁合金板材的最佳成形温度为180~260℃。

（a）AZ31B筒形件（左：20℃，右：230℃）

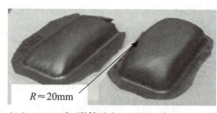
（b）AZ31B盒z形件（左：20℃，右：230℃）

（c）AA6016汽车牌照架（220℃）

（d）AA5182汽车牌照架（220℃）

图1-4 热介质充液成形典型零件

2004年，Lee等[14]研究了7075-T6铝合金管材的温热介质胀形试验（图1-5），发现管材的延伸率由室温下的8%上升到了200℃时的16%，但在200℃以后，延伸率不再提高。另外，在加热环境下，管材表面硬度值随变形程度的增大而有所提高；在分别对O、W和T6状态7075管材进行的温热单拉试验结果表明，不同热处理状态的合金在各个温度段受温度的影响程度不一。

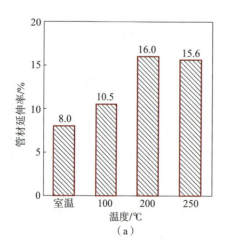

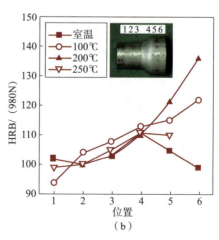

图1-5 管材延伸率与温度关系及不同位置处硬度变化情况

Yi 等[15] 采用高频感应线圈及内置电阻复合加热系统对铝合金管材进行了热油介质胀形试验（图1-6），并对内压力、轴向进给、加热条件等工艺参数进行了研究。Manabe 等[16] 进行了 AZ31 镁合金 T 形管材在 250℃ 条件下热油介质成形试验，发现相比于气体介质，采用热油介质可降低成形温度达 150℃，并且成形零件具有更好的表面质量。Gedikli 等[17] 进行了 5754 铝合金热油介质成形数值模拟及试验研究，并研究了圆角填充率等成形指标，获取了热油介质成形工艺尺寸精度及质量控制规律。

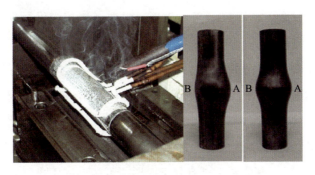

图 1-6 高频对流线圈加热系统及试验零件

2006 年，美国密歇根大学 Abedrabbo 等[18] 首先利用单向拉伸试验研究了 AA3003-H111 铝合金在不同成形温度和应变率下的力学性能。研究发现，板材的断后延伸率随着成形温度升高而提高，随着应变率的提高而降低。随后，又在 25～204℃ 下利用刚性球头凸模进行了胀形试验，试验结果表明，在 204℃ 时，板材的胀形高度比 25℃ 时提高了 37%；25℃ 时的破裂常发生在板料与凸模顶部附近，在升高成形温度的过程中，破裂位置向靠近凹模的悬空区移动，直到 117℃ 和 204℃ 时，破裂开始在凹模圆角处发生；当凸模温度降低时，板材的胀形高度也相应提高。

2007 年，Choi 等[19] 以理论解析、数值模拟和试验 3 种方法对比研究了筒形件充液热拉深成形。通过理论解析建立了各变形区的应力应变模型，得到了不同法兰温度及凸凹模间隙下的临界溢流压力和拉深力、不同法兰温度及凸模速度时的极限拉深比，确定了压边力、液室压力、凸模速度三者与极限拉深比的成形窗口，并采用数值模拟和试验进行了验证。

2011 年，美国弗吉尼亚联邦大学的 Gedikli 等[17] 通过数值模拟研究了

AA5754-O 铝合金不同成形温度和液室压力下的充液热拉深变形特点，以减薄率和型腔填充率作为评价指标，并与试验结果进行了对比验证。研究发现，随着成形温度和液室压力的增加，减薄率和型腔填充率提高，三参数 Barlat 和 YLD2000 与各向同性屈服准则相比，并没有体现出更高的预测精度，壳单元比实体单元更加适合预测零件的减薄率，显示算法可以极大地节省运算时间。

2013 年，美国密歇根大学的 Pourboghrat 等[20] 利用数值模拟和试验研究了 AA5754-O 铝合金筒形件在不同拉深工艺下的成形极限。结果表明，与普通拉深相比，热成形可提高拉深深度 27%，常温充液拉深可提高 89%~104%，充液热拉深可提高 97%~104%。

2015 年，意大利巴里理工大学 Palumbo 等[21] 对 6 系时效硬化铝合金 AC170PX 热介质充液成形的最优工艺参数进行了试验研究。研究发现，在 250~300℃时，断后延伸率随应变率增加而降低，提高时效温度可以提高板材平面应变点极限值，由中心复合设计方法可以更快地得到优化的充液热成形参数；在 200℃时，高应变率更有利于成形，可将小特征圆角填充率由常温下的 50%提高至 67%。

在板材热介质充液成形的产业化应用方面，代表案例是舒勒公司（Schuller GmbH）为 Honda Acura 生产前悬挂，side MBR 采用热态气体成形。图 1-7 所示为舒勒公司为 Honda Acura 生产的铝合金底盘零件。

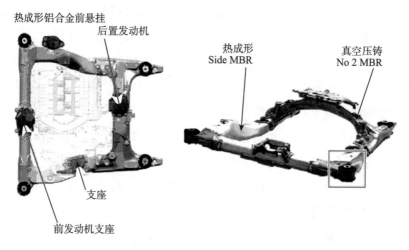

图 1-7　舒勒公司为 Honda Acura 生产的铝合金底盘零件

2003年,台湾的捷安特自行车公司开始将热介质充液成形工艺用于制造铝合金自行车的车架。采用该工艺生产的产品强度更高,外形更美观,成形设备所提供的最大液室压力可达到400MPa。

2003年,哈尔滨工业大学的徐永超、康达昌[22]在对SUS304不锈钢微温力学性能的研究基础上,提出了微温充液拉深成形工艺。通过试验研究发现,在略高于室温的微温状态下,板料的成形性能即得到了显著提高,在90℃时,与普通拉深相比,微温充液拉深可使SUS304不锈钢的极限拉深比从2.0提高到3.3,并可降低残余应力,减轻时效开裂趋势。

哈尔滨工业大学液力成形工程研究中心设计制造了专用合模力为315t、压力为400MPa的三轴数控压力机及管式热介质充液成形装置(液体最高加热温度为315℃,最大压力为100MPa),其设备及原理图如图1-8所示。在国家自然基金支持下,进行了管式充液热成形机理及关键技术的研究,如典型铝合金、镁合金热塑性变形行为、热变形中材料性能的影响、充液热成形工艺和热力耦合数值模拟[23]。

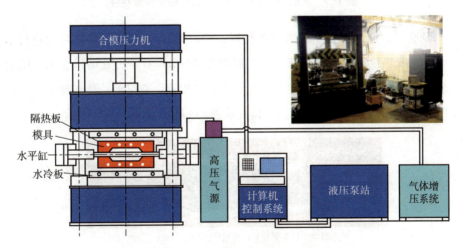

图1-8 管式充液热成形设备及原理图[23]

2007年,北京航空航天大学郎利辉教授课题组自主设计并开发出880t板材热介质充液成形设备[24]。该设备由通用双动液压机机架、加热冷却系统和压力发生及转换装置三部分组成。加热系统包括加热室、底部加热板和模具上的加热块。主缸横梁、压边横梁、下底板和增压缸部分均装有冷却装置。

模具及液室安装在加热箱内。该设备的主要功能有：①液室压力和压边力能够实现实时控制；②液室压力可在 0~100MPa 内无级连调；③拉深滑块可以在板料破裂时立刻停止；④非充液状态成形温度达 900℃，充液状态成形温度达 350℃；⑤可实现主动式和被动式充液热成形。2015 年，利用该设备在 250℃ 条件下成功研制出第三代铝锂合金 2060 海预警机整流罩零件（图 1-9），并对各工艺参数对成形性能的影响规律进行了研究。

图 1-9　北航 880t 热介质成形机及铝锂合金零件

2009 年，北京航空航天大学郎利辉、李涛等[25]对 5A06-O 铝合金进行了筒形件充液热拉深的试验研究，成形温度为 20~250℃。研究结果表明，随着成形温度的不断升高，板料的成形性能也显著提高，在 250℃ 时，筒形件的拉深比可达到 2.7。不同成形温度下拉深成形的筒形件如图 1-10 所示。

成形温度（从左至右）：20℃、150℃、200℃、250℃

图 1-10　不同成形温度下拉深成形的筒形件

2010 年，北京航空航天大学郎利辉、赵香妮[26]通过数值模拟和试验对不同工艺参数下筒形件充液热拉深后的回弹量进行了对比研究。在数值模拟经试验验证的基础上，应用数值模拟研究了等温温度场和差温温度场对回弹量的影响规律。同时，在差温温度场下，研究了液室压力、压边力和拉深速度对筒形件充液热拉深回弹的影响规律。

2012年，北京航空航天大学郎利辉等[2]利用板材充液热胀形-拉深实验机YRJ-50（图1-11）对AA7075-O铝合金板材进行了液压胀形和筒形件充液拉深试验。通过液压胀形，得到了不同压力变化率和成形温度下的胀形压力-高度曲线，并以此获得等双拉应力状态下的等效应力应变曲线，并建立了压力变化率与应变率之间的关系。通过充液热拉深，得到了尺寸精度高、表面质量好的筒形件，并分别对筒形件进行了水冷和空冷。结果表明，水冷可有效抑制宏观力学性能及微观组织的劣化。

图1-11　50t充液热成形设备示意图

1.3 / 颗粒介质成形技术

1.3.1　颗粒介质成形工艺介绍

颗粒介质成形（granular medium forming，GMF）技术由燕山大学赵长财教授于2005年首先提出[27]，该工艺属于一种柔性介质成形技术，其利用易流动的固体颗粒介质代替刚性的凸模或凹模成形薄壁板材或管材类零件。颗粒介质成形的工艺原理图如图1-12所示。

相比于其他板材成形技术，该工艺采用了固体的颗粒介质代替成形模具，因而具有如下几个特点。

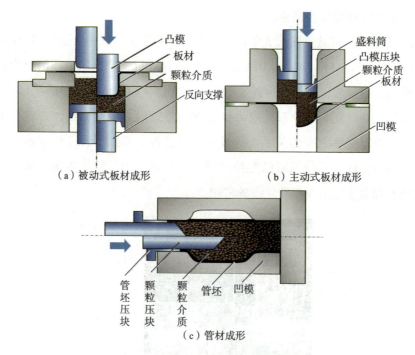

图 1-12 颗粒介质成形的工艺原理图

（1）模具设计简单。由于采用了柔性的颗粒介质代替刚性的凸模或凹模，因此减少了模具型面加工时间，从而降低了模具制造成本。

（2）提高了成形极限。颗粒介质成形工艺中可对板材表面形成非均匀应力的作用，使板料在有利的受力情况下变形，从而提高板料的成形极限。

（3）降低了起皱趋势。在成形过程中，坯料受到了颗粒介质施加的有益法向应力作用，消除了锥形零件在拉深过程中出现的受力悬空区，极大地降低了起皱趋势，进而提高了零件成形性能。

（4）扩展了成形温度区间。充液热成形工艺中一般使用高温导热油等液体介质，导致其最高成形温度较低（一般不超过350℃），否则会发生危险或产生有毒气体；颗粒介质成形工艺中可选用金属或非金属的颗粒材料，其耐热温度大大提高。

（5）易密封，安全性能好。不同于气体或液体，颗粒介质不存在泄露问题，不需要在模具设计中考虑密封结构及密封材料，并且在高温条件下，颗粒介质具有更好的安全性能。

1.3.2 颗粒介质成形研究现状

固体颗粒不同于充液热成形所用乳化液、耐高温油等液体介质，不具备各向等同的传压特性，它是一种具有复杂非线性特征的摩擦型材料，为了掌握颗粒介质传压规律，需要建立精确的流动模型。

在国内，赵长财等[28-29]首先对此进行了相关试验研究，其设计制造了固体颗粒单向压缩试验装置［图1-13（a）］及剪切强度测试装置［图1-13（b）］，获取了非金属颗粒介质的莫尔-库仑（Mohr-Coulomb）模型及扩展德鲁克-普拉格线性（Drucker-Prager）模型参数，并得到了内压在10~140MPa范围内固体颗粒的内摩擦系数、板料及颗粒间摩擦系数的分布规律；研制了颗粒介质传压性能试验装置（图1-14），获取了固体颗粒介质体积压缩率幂指函数形式的数学表达式，并针对颗粒介质在侧壁轴线方向和底面方向上的压力分布规律建立了非均匀内压作用下的载荷预测模型。

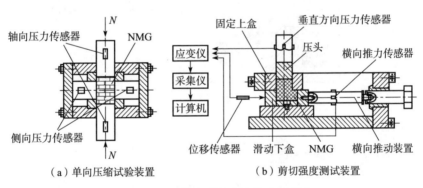

（a）单向压缩试验装置　　　　（b）剪切强度测试装置

图 1-13　颗粒介质流动性能试验装置

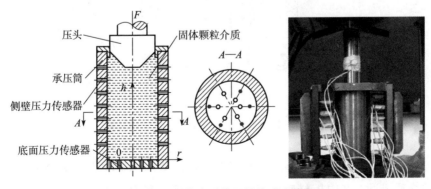

图 1-14　颗粒介质传压性能试验装置

国外对颗粒介质成形技术相关研究开展不多，主要研究机构为德国埃尔朗根-纽伦堡大学 Grüner 课题组[30-31] 及多特蒙德大学 Tekkaya 课题组[32-33]。Chen 等[32] 利用研制的模压试验装置［图 1-15（a）］及高压剪切试验装置［图 1-15（b）］对不同粒度的石英砂、氧化锆珠等颗粒介质进行了力学性能研究。研究发现，颗粒介质在压力传递过程中径向应力与轴向应力保持等比例线性关系，并获取了上述颗粒介质的 Drucker-Prager-Cap 模型参数。

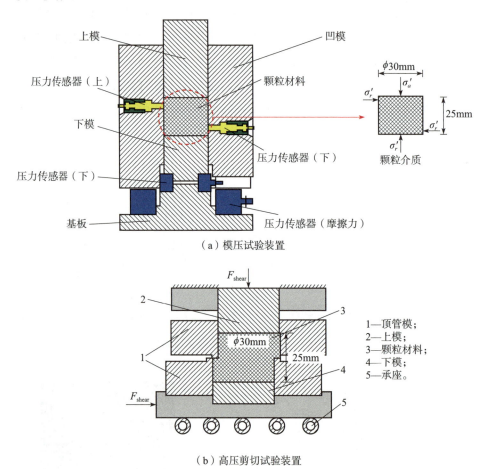

（a）模压试验装置

（b）高压剪切试验装置

图 1-15　国外研制的颗粒介质性能试验装置

利用颗粒介质性能试验所获取的流动规律建立成形过程力学模型是预测颗粒介质成形工艺中板材变形特性的一般步骤。在力学解析研究方面，赵长财等[34]利用管坯内壁线性载荷模型及余弦载荷模型对薄壁管非均匀内压作用下自由变形区中任意一点的应力应变及厚度值进行了理论计算，推导了自由变形区的应力应变和壁厚分布规律，并给出了相关计算公式[35-36]。为了验证预测模型准确性，其利用自行设计的管材颗粒介质成形通用模架进行了304不锈钢材料异形截面空心管材的颗粒介质成形试验（装置及零件如图1-16所示），结果发现，预测模型与真实试验符合较好。

图1-16　管材颗粒介质成形装置及零件

在有限元数值模拟方面，曹秒艳等[37]基于图1-10中颗粒材料性能试验装置所获取的数据，以连续介质线性德鲁克-普拉格本构模型为基础，采用韧性准则作为板材破裂判据，利用ABAQUS有限元软件对镁合金AZ31B板材差温颗粒介质成形过程进行了热力耦合条件下的仿真模拟，并与真实试验进行了对比（装置及零件如图1-17所示），取得了较好的计算精度。另外，赵长财等[38]还对颗粒介质成形工艺参数进行了研究，获取了成形温度、拉深速度、压边力、压边间隙、凹模圆角和润滑条件等对成形性能的影响规律，通过优化参数，成功研制了极限拉深比达2.41的颗粒介质成形零件。

曹秒艳等[39]还采用了计算散体力学领域中的新方法——离散元法（Discrete Element Method，DEM）来描述颗粒之间摩擦、滑动等复杂接触规律，从力链的角度对固体颗粒介质在压缩变形过程中的细观结构变化进行了建模描述，并实现了对颗粒介质传压性能试验的精确预测。基于上述研究，杜冰[40]提出了FEM-DEM耦合分析方法，将颗粒介质与坯料分别利用DEM法及FEM法进行计算，并利用Visual Basic语言开发的FEM-DEM耦合仿真平台，实现了离散元与有限元计算数据的交互耦合分析，其技术路线如图1-18所示；最后以固体颗粒介质管材缩径成形试验为例进行了试验验证，并分析了颗粒粒径、装料体积、模具结构、接触摩擦、球体刚度等工艺参数对管材缩径成形性能的影响规律。结果显示，FEM-DEM 耦合分析方法具有较高的准确性。张小会、何昕[41-42]利用固体颗粒介质成形工艺对复合板材及复合管材类零件进行了数值模拟及工艺验证，并分析了压边间隙、装料体积等参数对成形性能的影响规律。

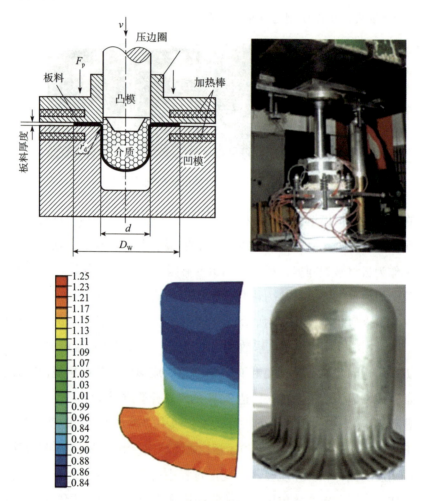

图 1-17 镁合金 AZ31B 温热颗粒介质成形装置及零件

国内其他研究机构，如沈阳航空工业学院张凌云课题组[43]对被动式固体颗粒介质成形过程进行了工艺试验及数值仿真研究，指出固体颗粒介质拉深新工艺相比于刚性模拉深工艺可以明显提高板料的极限拉深比，其厚度分布也更加均匀。对于厚度为1.0mm的LY12M材料而言，其极限拉深系数可达0.5。

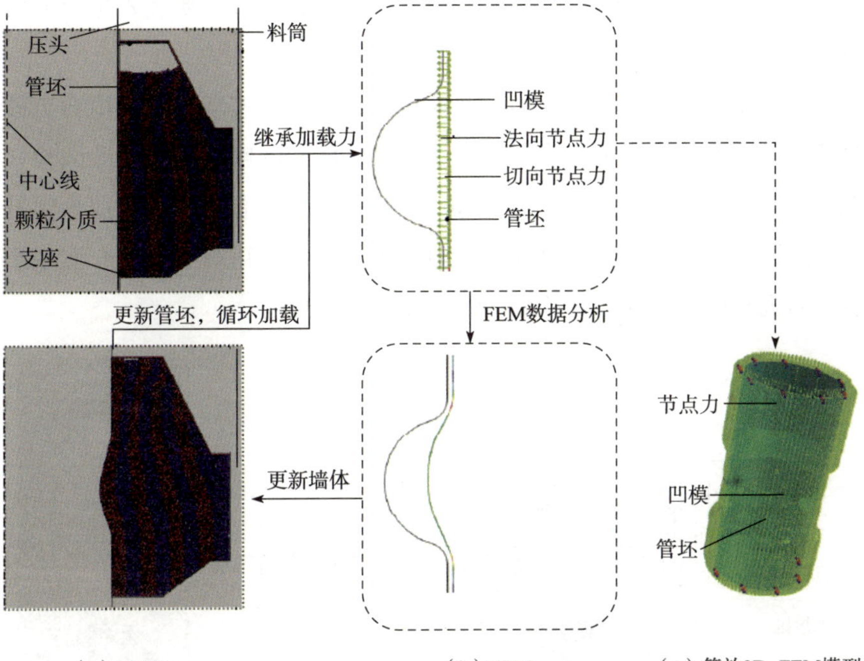

（a）DEM　　　　　（b）FEM　　　　（c）等效3D-FEM模型

图1-18　FEM-DEM耦合模型计算的技术路线

重庆理工大学彭成允课题组[44]利用主动式及被动式颗粒介质成形工艺进行了盒形件的工艺试验，并分别采用天然细沙、直径为0.6mm/1.5mm/2mm的钢珠作为传压介质，对比了两种颗粒介质成形工艺对零件性能的影响，结果表明，颗粒直径越小，板料极限成形高度越高，零件表面质量越好，并且被动式成形过程能得到更好的表面质量（图1-19）。

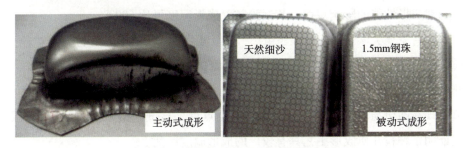

图1-19　颗粒介质主动式及被动式成形

南京航空航天大学谢兰生课题组[45]利用陶瓷颗粒介质对SPCEN板料进行了相关工艺试验，并研究了陶瓷颗粒直径、陶瓷颗粒介质装入量及润滑条件对成形性能的影响规律。

另外，在高温颗粒介质成形工艺研究方面，李鹏亮等[46]利用石英砂材料对某型飞机TC1钛合金机头罩进行了550~750℃的颗粒介质成形试验（高温颗粒介质成形模具及零件如图1-20所示），并对高温模具热膨胀余量补偿计算及高温润滑方式进行了研究。试验结果显示，采用高温颗粒介质成形工艺制造的机头罩零件具有良好的成形精度及表面质量。

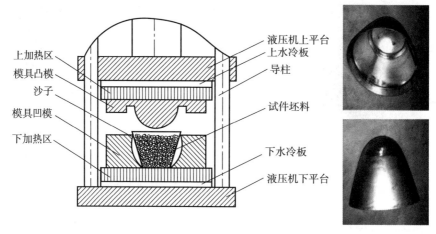

图1-20 高温颗粒介质成形模具及零件

国外相关研究主要侧重于高温颗粒介质成形工艺方面，德国埃尔朗根-纽伦堡大学Grüner课题[30-31]组于2010年利用陶瓷颗粒介质对DC04材料进行了成形工艺试验。利用图1-21所示的陶瓷颗粒介质成形试验验证了不同凸模形状对成形性能的影响规律，其试验装置成形温度可达600℃。

多特蒙德大学Tekkaya课题组[32]设计了图1-22所示的管材高温颗粒介质胀形模具工装，并针对22MnB5高强钢管材进行了756~810℃条件下的颗粒介质胀形过程的仿真分析及试验研究。有限元模拟结果显示，零件壁厚最小值出现在凸包与管臂连接处而不是胀形顶点处，与试验结果基本一致，该研究证明了颗粒介质成形工艺具有较广的成形温度区间。

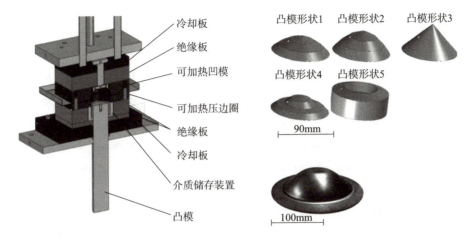

图 1-21 埃尔朗根-纽伦堡大学高温颗粒介质成形模具及零件

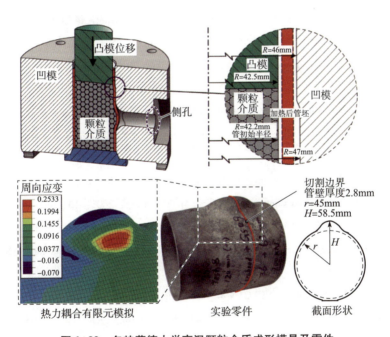

图 1-22 多特蒙德大学高温颗粒介质成形模具及零件

参考文献

[1] 蔡高参,周晓军,陆建江,等. 板材充液热成形工艺成形极限预测研究[J]. 锻压技

术，2016，41（4）：36-41.

［2］邵天巍，郎利辉，赵香妮，等. 5A06铝镁合金温热环境变形机理的研究［J］. 精密成形工程，2019，11（3）：104-110.

［3］KHOSROJERDI E, BAKHSHI-JOOYBARI M, GORJI A, et al. Experimental and Numerical Analysis of Hydrodynamic Deep Drawing Assisted By Radial Pressure at Elevated Temperatures［J］. International Journal of Advanced Manufacturing Technology, 2016, 88（1）: 1-11.

［4］FAN X, HE Z, PENG L, et al. Microstructure, Texture and Hardness of Al-cu-li Alloy Sheet During Hot Gas Forming with Integrated Heat Treatment［J］. Materials & Design, 2016, 94（3）: 449-456.

［5］杨希英，郎利辉，郭禅，等. 2A16铝合金锥形件多级充液热成形仿真及优化分析［J］. 精密成形工程，2014，6（6）：72-77.

［6］王欣. 高强度钢板充液热成形数值模拟研究［D］. 哈尔滨：哈尔滨理工大学，2016.

［7］杨希英，郎利辉，刘康宁，等. 基于韧性断裂准则的修正MK模型及其在充液热成形中的应用［J］. 中国有色金属学报（英文版），2015，025（10）：3389-3398.

［8］CHAN L C. Finite-element Damage Analysis for Failure Prediction of Warm Hydroforming Tubular Magnesium Alloy Sheets［J］. JOM, 2015, 67（2）: 450-458.

［9］PALUMBO G, PICCININNI A, GUGLIELMI P, et al. Warm Hydroforming of the Heat Treatable Aluminium Alloy Ac170px［J］. Journal of Manufacturing Processes, 2015, 20（1）: 24-32.

［10］VOLLERTSEN F. Hydroforming of Aluminum Alloys Using Heated Oil［C］. Proceedings of the Ninth International Conference on Sheet Metal. Leuven, 2001: 157-164.

［11］GROCHE P, HUBER R, DORR J, et al. Hydromechanical deep-drawing of aluminium-alloys at elevated temperatures［J］. CIRP Annals-Manufacturing Technology, 2002, 51（1）: 215-218.

［12］SIEGERT K, JAGER S, VULCAN M. Pneumatic bulging of magnesium AZ 31 sheet metals at elevated temperatures［J］. CIRP Annals-Manufacturing Technology, 2003, 52（1）: 241-244.

［13］NOVOTNY S, GEIGER M. Process design for hydroforming of lightweight metal sheets at elevated temperatures［J］. Journal of Materials Processing Technology, 2003, 138（1-3）: 594-599.

［14］LEE M Y, SOHN S M, KANG C Y, et al. Effects of pre-treatment conditions on warm hydroformability of 7075 aluminum tubes［J］. Journal of Materials Processing Technology, 2004, s

155-156（6）：1337-1343.

［15］YI H K, PAVLINA E J, TYNE C J V, et al. Application of a combined heating system for the warm hydroforming of lightweight alloy tubes［J］. Journal of Materials Processing Technology, 2008, 203（1）：532-536.

［16］MANABE K I, FUJITA K, TADA K. Experimental and Numerical Study on Warm Hydroforming for T-shape Joint of AZ31 Magnesium Alloy［J］. Journal of the Chinese Society of Mechanical Engineers, Transactions of the Chinese Institute of Engineers - Series C, 2010, 31（4）：281-287.

［17］GEDIKLI H, ÖMER NECATI CORA, KOC M. Comparative investigations on numerical modeling for warm hydroforming of AA5754-O aluminum sheet alloy［J］. Materials & Design, 2011, 32（5）：2650-2662.

［18］ABEDRABBO N, POURBOGHRAT F, CARSLEY J. Forming of aluminum alloys at elevated temperatures - Part 2：Numerical modeling and experimental verification［J］. International Journal of Plasticity, 2006, 22（2）：342-373.

［19］CHOI H, MUAMMER K, Ni J. A study on the analytical modeling for warm hydro-mechanical deep drawing of lightweight materials［J］. International Journal of Machine Tools & Manufacture, 2007, 47（11）：1752-1766.

［20］POURBOGHRAT F, VENKATESAN S, CARSLEY J E. LDR and hydroforming limit for deep drawing of AA5754 aluminum sheet［J］. Journal of Manufacturing Processes, 2013, 15（4）：600-615.

［21］PALUMBO G, PICCININNI A, GUGLIELMI P, et al. Warm Hydro Forming of the heat treatable aluminium alloy AC170PX［J］. Journal of Manufacturing Processes, 2015, 20（1）：24-32.

［22］徐永超, 康达昌. 18-8型不锈钢微温充液拉深工艺研究［J］. 哈尔滨工业大学学报, 2003（10）：1165-1167.

［23］许爱军. AZ31镁合金管材热态内高压成形极限研究［D］. 哈尔滨：哈尔滨工业大学, 2006.

［24］LIHUI LANG, KANGNING LIU, et al. Optimization Research on Warm Hydroforming Process of Thin-walled 2060 Al-Li Alloy Part by FEM Simulation［C］. 7th International Conference on Tube Hydroforming, Xian, 2015.

［25］李涛. 铝镁合金板材充液热成形技术及过程控制数值模拟［D］. 北京：北京航空航天大学, 2010.

[26] 赵香妮. 铝合金充液热介质成形有限元模拟及其过程控制 [D]. 北京: 北京航空航天大学, 2010.

[27] 赵长财. 固体颗粒介质成形新工艺及其理论研究 [D]. 秦皇岛: 燕山大学, 2006.

[28] DONG G J, ZHAO C C, CAO M Y. Flexible-die forming process with solid granule medium on sheet metal [J]. Transactions of Nonferrous Metals Society of China, 2013, 23 (9): 2666-2677.

[29] 董国疆, 赵长财, 曹秒艳, 等. 管板材 SGMF 工艺传压介质的物理性能试验 [J]. 塑性工程学报, 2010, 17 (04): 71-75.

[30] M GRÜNER, M MERKLEIN. Numerical simulation of hydro forming at elevated temperatures with granular material used as medium compared to the real part geometry [J]. International Journal of Material Forming, 2010, 3 (1 Supplement): 279-282.

[31] GRÜNER M, MERKLEIN M. Influences on the Molding in Hydroforming Using Granular Material as a Medium [J]. Journal of Afferctive Disorders, 2011, 108 (3): 251-262.

[32] CHEN H, GÜNER A, KHALIFA N B, et al. Granular media-based tube press hardening [J]. Journal of Materials Processing Technology, 2015, 228: 145-159.

[33] CHEN H, MENNECART T, Güner A, et al. Numerical Modeling of Press Hardening of Tubes and Profiles Using Shapeless Solid as Forming Media [C]. International Conference Hot Sheet Metal Forming of High-Performance Steel, 2013.

[34] 赵长财, 董国疆, 肖宏, 等. 管材固体颗粒介质成形新工艺 [J]. 机械工程学报, 2009, 45 (8): 255-260.

[35] 赵长财, 任学平, 董国疆, 等. 管材固体颗粒介质成形工艺及其塑性理论研究 [J]. 中国机械工程, 2007, 18 (16): 2000-2005.

[36] 赵长财, 李晓丹, 董国疆, 等. 板料固体颗粒介质成形新工艺及其数值模拟 [J]. 机械工程学报, 2009, 45 (6): 211-215.

[37] 曹秒艳, 赵长财, 董国疆. 镁合金板材颗粒介质拉深工艺参数数值模拟 [J]. 中国有色金属学报, 2012, 22 (11): 2992-2999.

[38] 赵长财, 曹秒艳, 肖宏, 等. 镁合金板材的固体颗粒介质拉深工艺参数 [J]. 中国有色金属学报, 2012, 22 (4): 991-999.

[39] 曹秒艳, 董国疆, 赵长财. 基于离散元法的固体颗粒介质传力特性研究 [J]. 机械工程学报, 2011, 47 (14): 62-69.

[40] 杜冰. 固体颗粒介质管材窄环带胀缩成形工艺研究 [D]. 秦皇岛: 燕山大学, 2014.

[41] 张小会. 复合板筒形件固体颗粒介质成形工艺研究 [D]. 秦皇岛: 燕山大学, 2014.

[42] 何昕. 复合管固体颗粒介质成形工艺研究 [D]. 秦皇岛:燕山大学,2014.

[43] 袁海环. 固体颗粒介质板料拉深成形工艺研究 [D]. 沈阳:沈阳航空工业学院,2010.

[44] 邹强. 基于盒形件的固体颗粒介质成形新工艺基础研究 [D]. 重庆:重庆理工大学,2011.

[45] 陈国亮. 颗粒介质成形工艺研究 [D]. 南京:南京航空航天大学,2008.

[46] 李鹏亮,张志,曾元松. 钛合金机头罩固体颗粒介质成形工艺研究 [J]. 锻压技术,2012,37(5):60-63.

第 2 章

热介质充液成形DFC-MK模型

2.1 / DFC-MK 模型理论基础

2.1.1 三维应力 MK 模型

MK 模型是由 Marciniak 和 Kuczynski 共同提出的用于预测板材成形极限的理论框架。该方法的核心为厚度不均匀假设，认为原始板材具有初始厚度缺陷，缺陷由凹槽表示。模型如图 2-1 所示。图中 A 区为变形安全区，B 区为不均匀变形区，t_A、t_B 分别为变形过程中 A、B 区的板材厚度。根据假设，板材的集中性失稳是由板材表面初始存在的缺陷引起的。该模型广泛用于预测平面应力条件下的板材成形极限，理论假设包括以下几点[1]。

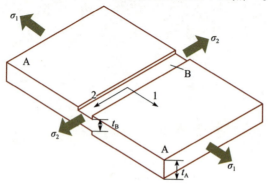

图 2-1 MK 模型理论框架图

(1) 线性加载条件：A区主应力及主应变均成比例增加且在整个变形过程中比值为常数。

(2) 变形协调条件：B区第二主应变增量 $d\varepsilon_{2B}$ 与A区第二主应变增量 $d\varepsilon_{2A}$ 相等，即 $d\varepsilon_{2A} = d\varepsilon_{2B} = d\varepsilon_{2}$。

(3) 力平衡条件：A区与B区第一主方向力始终平衡，即 $F_{1A} = F_{1B}$。

对于厚度法向应力不可忽略的板材充液热成形等工艺过程，Allwood等[2]通过假设A区和B区的厚度法向应力相等，修正MK模型使其由平面应力条件扩展至三维应力条件，实现了厚度法向应力对板材成形性影响的预测。图2-2（a）所示为三维应力状态下的MK模型，分析中忽略由厚度法向应力引起的厚向应变，并假设面外切应力 σ_{13} 和 σ_{23} 可忽略不计。由于该模型中考虑厚度法向应力，在平面应力条件下建立的屈服准则将不再适用。为此，在主应力空间中，根据静水压力不影响塑性变形的假设，材料的屈服形式可由式（2.1）转换为式（2.2）。

$$\bar{\sigma} = f(\sigma_1, \sigma_2, \sigma_3) \tag{2.1}$$

$$\bar{\sigma} = f(\sigma_1 - \sigma_3, \sigma_2 - \sigma_3) \tag{2.2}$$

式中：$\bar{\sigma}$ 为等效应力；σ_1、σ_2、σ_3 分别为第一、二、三主应力。所以，MK模型可由三维应力状态等效转换为二维应力状态，如图2-2所示。

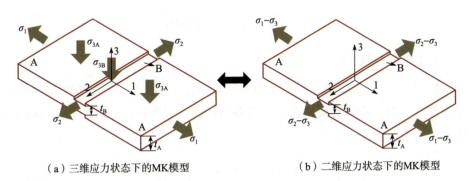

(a) 三维应力状态下的MK模型　　　　(b) 二维应力状态下的MK模型

图2-2　三维应力状态转换为二维应力状态示意图

2.1.2　韧性断裂准则

根据应变能理论，材料的塑性变形程度可以用总塑性功来体现，其表达

式[3] 为

$$U = \int_0^{\bar{\varepsilon}} \bar{\sigma} d\bar{\varepsilon} \quad (2.3)$$

式中：$\bar{\varepsilon}$ 为等效应变；U 为总塑性功。在采用积分函数的基础上，该判据具有考虑非线性应变路径变化的优点。

Cockcroft 和 Latham[4] 考虑最大拉伸主应力在材料变形至断裂过程中的作用，提出如下公式。

$$\int_0^{\bar{\varepsilon}_f} \sigma^* d\bar{\varepsilon} = C \quad (2.4)$$

式中：σ^* 为最大拉伸主应力。这个准则应用最为广泛，在本书中，将以此（CL 准则）为基础与传统 MK 模型假设结合，进行板材成形极限曲线的预测。同时，为保证积分值始终为正值，对 CL 准则的左半部分取绝对值。

2.1.3 屈服准则

1. Mises 屈服准则

1913 年米塞斯（Von Mises）提出在任意应力状态下，只要 3 个主切应力的均方根值达到某一临界值，材料就开始塑性变形[5]。Mises 屈服准则可表示为

$$\bar{\sigma} = \frac{1}{\sqrt{2}}\sqrt{(\sigma_1-\sigma_2)^2+(\sigma_2-\sigma_3)^2+(\sigma_3-\sigma_1)^2} \quad (2.5)$$

2. Hill48 屈服准则

仿照 Mises 屈服准则，1948 年希尔（R. Hill）提出了正交各向异性体的屈服条件[6]。进一步假定板料在板面内各向同性，只有厚向异性，则 Hill48 屈服准则可表示为

$$\bar{\sigma} = \sqrt{\frac{r(\sigma_1-\sigma_2)^2+(\sigma_2-\sigma_3)^2+(\sigma_3-\sigma_1)^2}{1+r}} \quad (2.6)$$

3. Barlat89 屈服准则

1989 年，Barlat 等学者在平面应力条件下建立了考虑面内各向异性的屈服准则，基于 Barlat89 屈服准则对钢板和铝合金板的双向拉伸应力-应变曲线计算结果很好，具体形式[7] 为

$$\bar{\sigma} = \left\{ \frac{a}{2}\left[(\sigma_1-\sigma_3)^m + (-h)^m(\sigma_2-\sigma_3)^m\right] + \left(1-\frac{a}{2}\right)(\sigma_1-\sigma_2-2\sigma_3)^m \right\}^{1/m} \quad (2.7)$$

式中：m 为非二次屈服函数指数，对于体心立方材料，$m=8$，对于面心立方材料，$m=6$；a、h 均为表征各向异性的材料参数，根据本章假设面内同性，可知 $a = 2 - \dfrac{2r}{1+r}$，$h = 1$。

2.1.4 应力-应变曲线

试验所用材料为 2A16-O 铝合金板材，厚度为 1.0mm，不同成形温度（20℃、160℃、210℃、300℃）和应变率（0.01s^{-1}、0.001s^{-1}、0.0001s^{-1}）下的单拉试验在北京航空航天大学的 WDW-100 电子万能试验机上进行，如图 2-3 所示。

图 2-3　WDW-100 电子万能试验机

试样的形状和尺寸如图 2-4 所示。按照该图样沿金属板材轧制方向分别取 0°、45°和 90°三个方向进行试样的线切割加工，切割后进行试样平整和打磨等

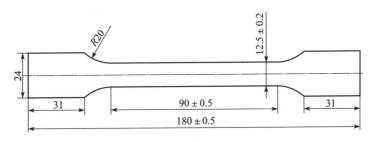

图 2-4　试样的形状和尺寸

工序，完成试样制作。图2-5所示为2A16-O铝合金板材在不同温度及应变率条件下进行单向拉伸试验后的变形试样。

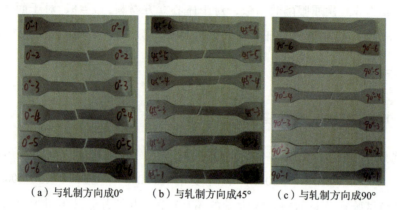

（a）与轧制方向成0°　　（b）与轧制方向成45°　　（c）与轧制方向成90°

图2-5　2A16-O铝合金单向拉伸后的变形试样

基于考虑应变率的Fields和Backofen函数$\sigma = K\varepsilon^n \dot{\varepsilon}^M$（$K$为强化系数，$n$为应变硬化指数，$M$为应变率敏感指数）[8]，改进后对真实应力-真实应变曲线塑性段进行分段拟合。针对不同材料，应变分段点也不同，此处取$\varepsilon = 0.1$，则复合公式为

$$\sigma = \begin{cases} K_1 \varepsilon^{n_1} \dot{\varepsilon}^{M_1} & (\varepsilon < 0.1) \\ K_2 \varepsilon^{n_2} \dot{\varepsilon}^{M_2} & (\varepsilon \geq 0.1) \end{cases} \quad (2.8)$$

式中：K_1、K_2、n_1、n_2、M_1、M_2由相应的真实应力-真实应变曲线拟合得到。如图2-6所示，式（2.8）既可以充分利用已有试验数据，又能体现应力-应变曲线的外插延伸的可靠度。

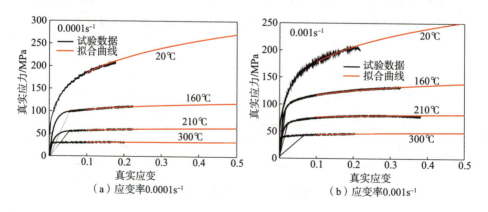

（a）应变率0.0001s⁻¹　　　　　　（b）应变率0.001s⁻¹

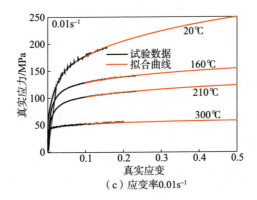

（c）应变率0.01s⁻¹

图 2-6　不同成形温度和应变率下真实应力-真实应变曲线

2.2 / DFC-MK 模型计算

2.2.1　DFC-MK 模型的分析求解过程

假定应变增量 $d\varepsilon_1$ 已知，应变增量张量形式表示为

$$d\boldsymbol{\varepsilon} = \begin{bmatrix} 1 & 0 & 0 \\ 0 & \rho & 0 \\ 0 & 0 & -(1+\rho) \end{bmatrix} \cdot d\varepsilon_1 \tag{2.9}$$

式中：ρ 为面内主应变增量比值。本模型考虑厚度法向应力的影响，在计算中引入应力张量形式，一点的应力张量可以表示为

$$\boldsymbol{\sigma} = \begin{bmatrix} \sigma_{11} & \sigma_{12} & \sigma_{13} \\ \sigma_{21} & \sigma_{22} & \sigma_{23} \\ \sigma_{31} & \sigma_{32} & \sigma_{33} \end{bmatrix} \tag{2.10}$$

在线性加载条件下，应力坐标轴与加载方向保持一致，切应力为零，则一点的初始应力张量根据假设可简化为

$$\boldsymbol{\sigma} = \begin{bmatrix} \sigma_1 & 0 & 0 \\ 0 & \sigma_2 & 0 \\ 0 & 0 & \sigma_3 \end{bmatrix} = \begin{bmatrix} 1 & 0 & 0 \\ 0 & \alpha_2 & 0 \\ 0 & 0 & \alpha_3 \end{bmatrix} \cdot \sigma_1 \tag{2.11}$$

式中：α_2 为面内第二主应力与第一主应力的比值；α_3 为厚度法向应力与面内第一主应力比值。由式（2.1）与式（2.2）之间的关系，各屈服准则转换后的形式如下。

Mises 屈服准则：

$$\bar{\sigma} = \sigma_1 \sqrt{(1-\alpha_3)^2 - (1-\alpha_3)(\alpha_2-\alpha_3) + (\alpha_2-\alpha_3)^2} \qquad (2.12)$$

Hill48 屈服准则：

$$\bar{\sigma} = \sigma_1 \sqrt{(1-\alpha_3)^2 - \frac{2r}{1+r}(1-\alpha_3)(\alpha_2-\alpha_3) + (\alpha_2-\alpha_3)^2} \qquad (2.13)$$

Barlat89 屈服准则：

$$\bar{\sigma} = \sigma_1 \{L_1(1-\alpha_3)^m + L_2(\alpha_2-\alpha_3)^m + L_3(1-\alpha_2)^m\}^{1/m} \qquad (2.14)$$

式中：$L_1 = \frac{a}{2}$，$L_2 = (-h)^m \frac{a}{2}$，$L_3 = \left(1-\frac{a}{2}\right)$。等效应力与第一主应力的比值 $\varphi = \bar{\sigma}/\sigma_1$ 可以表示如下。

Mises 屈服准则：

$$\varphi = \sqrt{(1-\alpha_3)^2 - (1-\alpha_3)(\alpha_2-\alpha_3) + (\alpha_2-\alpha_3)^2} \qquad (2.15)$$

Hill48 屈服准则：

$$\varphi = \sqrt{(1-\alpha_3)^2 - \frac{2r}{1+r}(1-\alpha_3)(\alpha_2-\alpha_3) + (\alpha_2-\alpha_3)^2} \qquad (2.16)$$

Barlat89 屈服准则：

$$\varphi = \{L_1(1-\alpha_3)^m + L_2(\alpha_2-\alpha_3)^m + L_3(1-\alpha_2)^m\}^{1/m} \qquad (2.17)$$

根据流动法则，在平面应力条件下，有

$$\frac{d\varepsilon_1}{\frac{\partial f}{\partial \sigma_1}} = \frac{d\varepsilon_2}{\frac{\partial f}{\partial \sigma_2}} \qquad (2.18)$$

Mises 屈服准则：

$$\frac{d\varepsilon_1}{2-\alpha_2-\alpha_3} = \frac{d\varepsilon_2}{2\alpha_2-1-\alpha_3} \qquad (2.19)$$

Hill48 屈服准则：

$$\frac{d\varepsilon_1}{r+1-r\alpha_2-\alpha_3} = \frac{d\varepsilon_2}{(r+1)\alpha_2-r-\alpha_3} \qquad (2.20)$$

Barlat89 屈服准则：

$$\frac{\mathrm{d}\varepsilon_1}{L_1(1-\alpha_3)^{m-1}+L_3(1-\alpha_2)^{m-1}}=\frac{\mathrm{d}\varepsilon_2}{L_2(\alpha_2-\alpha_3)^{m-1}-L_3(1-\alpha_2)^{m-1}} \quad (2.21)$$

第二主应变增量与第一主应变增量 $\rho=\dfrac{\mathrm{d}\varepsilon_2}{\mathrm{d}\varepsilon_1}$ 表示如下。

Mises 屈服准则：

$$\rho=\frac{2\alpha_2-1-\alpha_3}{2-\alpha_2-\alpha_3} \quad (2.22)$$

Hill48 屈服准则：

$$\rho=\frac{(r+1)\alpha_2-r-\alpha_3}{r+1-r\alpha_2-\alpha_3} \quad (2.23)$$

Barlat89 屈服准则：

$$\rho=\frac{L_2(\alpha_2-\alpha_3)^{m-1}-L_3(1-\alpha_2)^{m-1}}{L_1(1-\alpha_3)^{m-1}+L_3(1-\alpha_2)^{m-1}} \quad (2.24)$$

根据塑性变形功的能量等效原则：

$$\begin{cases} W_{\bar{\sigma}}=W_{\sigma} \\ W_{\bar{\sigma}}=\bar{\sigma}\mathrm{d}\bar{\varepsilon} \\ W_{\sigma}=\sigma_1\mathrm{d}\varepsilon_1+\sigma_2\mathrm{d}\varepsilon_2+\sigma_3\mathrm{d}\varepsilon_3 \end{cases} \quad (2.25)$$

则等效应变增量与第一主应变增量的比值 $\gamma=\dfrac{\mathrm{d}\bar{\varepsilon}}{\mathrm{d}\varepsilon_1}$ 确定为

$$\gamma=\frac{1+\rho\alpha_2-(1+\rho)\alpha_3}{\varphi} \quad (2.26)$$

在 DFC-MK 模型推导过程中，假设凹槽方向与第一主应力方向互相垂直，则第一主应力方向上的单位宽度的力为 $F_1=\sigma_1 t$。根据力平衡条件 $F_{1A}=F_{1B}$，可得

$$\sigma_{1A}t_A=\sigma_{1B}t_B \quad (2.27)$$

模型中的第三主应变即为板材的厚度法向应变，有

$$\varepsilon_3=\ln\left(\frac{t}{t_0}\right) \quad (2.28)$$

式中：t_0 为初始板材厚度；t 为变形过程中的板材厚度。由式（2.28）可知

$$t = t_0 \exp(\varepsilon_3) \qquad (2.29)$$

设定板材的初始厚度不均度为 $f_0 = \dfrac{t_{B0}}{t_{A0}}$，得

$$f = \dfrac{t_B}{t_A} = f_0 \exp(\varepsilon_{3B} - \varepsilon_{3A}) \qquad (2.30)$$

式中：f 为变形过程中的板材厚度不均度。在板材充液热成形中，厚度法向应力 σ_3 与面内应力变化无关，假设变形过程中厚度法向应力保持不变，由 A 区和 B 区的厚度法向应力相等可以得到

$$\sigma_{1A}\alpha_{3A} = \sigma_{1B}\alpha_{3B} \qquad (2.31)$$

联立式（2.27）、式（2.30）和式（2.31），推得

$$\dfrac{\alpha_{3B}}{\alpha_{3A}} = \dfrac{\sigma_{1A}}{\sigma_{1B}} = f = f_0 \exp(\varepsilon_{3B} - \varepsilon_{3A}) \qquad (2.32)$$

由 $\varphi = \bar{\sigma}/\sigma_1$，有

$$\dfrac{\bar{\sigma}_A}{\varphi_A} = \dfrac{\bar{\sigma}_B}{\varphi_B} f_0 \exp(\varepsilon_{3B} - \varepsilon_{3A}) \qquad (2.33)$$

将本构方程代入式（2.33），可得

$$\bar{\varepsilon}_A^{n_A}(\Delta\bar{\varepsilon}_A)^{M_A}\varphi_B = \bar{\varepsilon}_B^{n_B}(\Delta\bar{\varepsilon}_B)^{M_B}\varphi_A f_0 \exp(\varepsilon_{3B} - \varepsilon_{3A}) \qquad (2.34)$$

式中：n_A、n_B 分别为 A 区和 B 区的板材在变形过程中塑性应变对应的应变硬化指数。上述平衡方程式（2.34）即为待求解的非线性方程，对其计算时采用牛顿迭代法以分析板材的集中性失稳行为，得到板材变形过程中 A、B 区的各应力应变值。此时，引入韧性断裂准则的通式，即

$$\int_0^{\bar{\varepsilon}_f} f(\bar{\sigma}, \sigma_m, \cdots) \mathrm{d}\bar{\varepsilon} = C \qquad (2.35)$$

对 B 区进行判断，当 $\int_0^{\bar{\varepsilon}_f} f(\bar{\sigma}, \sigma_m, \cdots) \mathrm{d}\bar{\varepsilon} \geq C$ 时，得到对应时刻的 A 区面内主应变 ε_{1A}、ε_{2A}，作为相应 $\alpha_2 = \sigma_2/\sigma_1$ 值下的成形极限点。对 α_2 在 $-1 \leq \alpha_2 \leq 1$ 范围内进行遍历，得到板材从纯剪到双向等拉的广义成形极限曲线。

2.2.2 DFC-MK 模型的计算过程分析

通过 MATLAB 编程实现牛顿迭代法，对 DFC-MK 模型进行计算。在变形

过程中，A 区第二主应力与第一主应力的比值 α_2 给定后，该区的 φ、α_3、ρ、γ 均为常数；而在 B 区，各比值则为变量，随着变形过程而变化，需要根据应变、应力协调条件和力平衡条件进行分析。具体计算流程如下。

(1) 首先在 A 区假定一个初始应变增量 $\Delta\varepsilon_{1A}$，同时在 B 区设定一个保持不变的应变增量 $\Delta\varepsilon_{1B}$，根据 $\Delta\varepsilon_{1B} > \Delta\varepsilon_{1A}$ 的原则，计算初始取 $\Delta\varepsilon_{1A} = 0.001$，$\Delta\varepsilon_{1B} = 0.008$。

(2) 设定厚度法向应力 $\Delta\varepsilon_{3A}$ 后，可得到 A 区应力比值 α_3，由已指定的 A 区面内应力比值 α_2 确定 φ_A、ρ_A、γ_A 值，结合体积不可压缩条件，则 A 区中的 $\Delta\varepsilon_{2A}$、$\Delta\bar{\varepsilon}_A$、$\Delta\varepsilon_{3A}$ 的计算公式可表示。

$$\Delta\varepsilon_{2A} = \rho_A \Delta\varepsilon_{1A} \tag{2.36}$$

$$\Delta\bar{\varepsilon}_A = \gamma_A \Delta\varepsilon_{1A} \tag{2.37}$$

$$\Delta\varepsilon_{3A} = -(1+\rho_A)\Delta\varepsilon_{1A} \tag{2.38}$$

经过历次迭代，得到 A 区各变量的更新值为

$$\bar{\varepsilon}_A \mid_{\text{new}} = \bar{\varepsilon}_A \mid_{\text{old}} + \Delta\bar{\varepsilon}_A \tag{2.39}$$

$$\varepsilon_{3A} \mid_{\text{new}} = \varepsilon_{3A} \mid_{\text{old}} + \Delta\varepsilon_{3A} \tag{2.40}$$

(3) 由应变协调条件 $\Delta\varepsilon_{2B} = \Delta\varepsilon_{2A}$，可以确定 B 区的 ρ_B、α_{2B}、ϕ_B、γ_B、α_{3B}，分别表示如下。

$$\rho_B = \frac{\Delta\varepsilon_{2B}}{\Delta\varepsilon_{1B}} = \frac{\rho_A}{d\varepsilon_{1B}} d\varepsilon_{1A} \tag{2.41}$$

$$\alpha_{3B} = \alpha_{3A} f_0 \exp(\varepsilon_{3B} - \varepsilon_{3A}) \tag{2.42}$$

B 区 α_{2B} 值如下。

Mises 屈服准则：

$$\alpha_{2B} = \frac{2\rho_B + r + \alpha_{3B}(1-\rho_B)}{2+\rho_B} \tag{2.43}$$

Hill48 屈服准则：

$$\alpha_{2B} = \frac{\rho_B(r+1) + r + \alpha_{3B}(1-\rho_B)}{1+r+r\rho_B} \tag{2.44}$$

Barlat89 屈服准则 [α_{2B} 为非线性方程式 (2.44) 的解]：

$$C_2(\alpha_{2B} - \alpha_{3B})^{m-1} - \rho_B(1-\alpha_{3B})^{m-1} - (\rho_B+1)(1-\alpha_{2B}-2\alpha_{3B})^{m-1} = 0 \tag{2.45}$$

B 区 ϕ_B 值如下。

Mises 屈服准则：

$$\phi_B = \sqrt{(1-\alpha_{3B})^2 - (1-\alpha_{3B})(\alpha_{2B}-\alpha_{3B}) + (\alpha_{2B}-\alpha_{3B})^2} \tag{2.46}$$

Hill48 屈服准则：

$$\phi_B = \sqrt{(1-\alpha_{3B})^2 - \frac{2r}{1+r}(1-\alpha_{3B})(\alpha_{2B}-\alpha_{3B}) + (\alpha_{2B}-\alpha_{3B})^2} \tag{2.47}$$

Barlat89 屈服准则：

$$\phi_B = \{C_1(1-\alpha_{3B})^m + C_2(\alpha_{2B}-\alpha_{3B})^m + C_3(1-\alpha_{2B}-2\alpha_{3B})^m\}^{1/m} \tag{2.48}$$

$$\gamma_B = \frac{d\bar{\varepsilon}}{d\varepsilon_1} = \frac{1+\rho_B\alpha_{2B}-(1+\rho_B)\alpha_{3B}}{\varphi_B} \tag{2.49}$$

从而确定 $\Delta\bar{\varepsilon}_B$、$\Delta\varepsilon_{3B}$ 为

$$\Delta\bar{\varepsilon}_B = \varphi_B \Delta\varepsilon_{1B} \tag{2.50}$$

$$\Delta\varepsilon_{3B} = -\Delta\varepsilon_{1B} - \rho_A\Delta\varepsilon_{1A} \tag{2.51}$$

$\Delta\bar{\varepsilon}_B$、$\Delta\varepsilon_{3B}$ 可通过累加得到更新值，即

$$\bar{\varepsilon}_B\mid_{\text{new}} = \bar{\varepsilon}_B\mid_{\text{old}} + \Delta\bar{\varepsilon}_B \tag{2.52}$$

$$\varepsilon_{3B}\mid_{\text{new}} = \varepsilon_{3B}\mid_{\text{old}} + \Delta\varepsilon_{3B} \tag{2.53}$$

（4）将 $\bar{\varepsilon}_A$、ε_{3A}、$\bar{\varepsilon}_B$、ε_{3B}、f 及 φ_A、φ_B 代入以下平衡方程。

$$F = \bar{\varepsilon}_A^{n_A}(\Delta\bar{\varepsilon}_A)^{M_A}\varphi_B - \bar{\varepsilon}_B^{n_B}(\Delta\bar{\varepsilon}_B)^{M_B}\varphi_A f_0 \exp(\varepsilon_{3B}-\varepsilon_{3A}) \tag{2.54}$$

通过牛顿迭代法

$$\Delta\varepsilon_{1A(n+1)} = \Delta\varepsilon_{1A(n)} - \frac{F}{dF} \tag{2.55}$$

结合式（2.47）~式（2.49），迭代求解得到 $\Delta\varepsilon_{1A(n+1)}$ 的值，对 $\Delta\varepsilon_{1A(n+1)}$ 和 $\Delta\varepsilon_{1A(n)}$ 进行比较，在满足允许容差 $\left|\frac{\Delta\varepsilon_{1A(n+1)} - \Delta\varepsilon_{1A(n)}}{\Delta\varepsilon_{1A(n)}}\right| \leq 10^{-6}$ 后，停止迭代计算。

（5）将所有变量进行更新，对 B 区进行判断，当 $\int_0^{\bar{\varepsilon}_f} f(\bar{\sigma}, \sigma_m, \cdots) d\bar{\varepsilon} \geq C$ 时，则认为达到成形极限，得到对应时刻的 A 区面内主应变 ε_{1A}、ε_{2A}。

（6）将 ε_{3A} 和 $\bar{\varepsilon}_A$ 代入式（2.8）计算 A 区等效应力 $\bar{\sigma}_A$，根据 $\varphi = \bar{\sigma}/\sigma_1$ 得

到 σ_{1A},然后更新 $\alpha_{3A}=\sigma_{3A}/\sigma_{1A}$,使其保持为初始设定值不变。

(7) 在 $-1 \leq \alpha_2 \leq 1$ 范围内选择另一个 α_2,重复步骤(2)~(5),记录下对应的极限应变点 ε_{1A}、ε_{2A},直至完成整个循环遍历,从而得到从纯剪至双向等拉的广义成形极限曲线。

2.2.3 DFC-MK 模型中常数 C 和 f_0 的确定

初始厚度不均度 f_0 是 DFC-MK 模型推导过程中的重要参数,影响着板材成形极限曲线的预测精度。有学者将 f_0 表示为表面粗糙度、初始厚度及初始晶粒大小的函数以计算其值[9]。该方法所测参数过多,不易操作。

韧性断裂准则作为 DFC-MK 模型的判定依据,其中材料常数 C 的获取是一个重要的因素,目前主要有两种思路。

(1) 利用数值计算的方法[10],假定单向拉伸试验中破裂区域的加载路径为线性加载,则应力三轴度是常值,该方法操作简单,但与事实不符。

(2) 利用数值模拟和基础实验相结合的方法[11],可以有效模拟加载过程,但模拟过程需要多次调整才能与实际匹配,操作复杂。

为此,提出了两种方法用于计算材料常数 C 和初始厚度不均度 f_0。第一种方法是对传统 MK 模型进行修正,结合单向拉伸试验和平面应变实验数据,提出一种新的材料常数计算模型,同时得到初始厚度不均度 f_0,并利用 MATLAB 编写该模型的算法程序。修正 MK 模型的推导过程与 DFC-MK 模型相同,判定依据为 B 区等效应变 $\overline{\varepsilon}_B \geq \overline{\varepsilon}_f$,断裂时等效应变值 $\overline{\varepsilon}_f$ 由单向拉伸试验和/或平面应变试验测定,试验类型的次数与韧性断裂准则中材料常数 C 的个数一致。图 2-7 所示为材料常数 C 和初始厚度不均度 f_0 计算流程图。图中 ($\varepsilon_{1,m}$, $\varepsilon_{2,m}$) 为单向拉伸试验所得成形极限点的主次应变值。

由上述方法可知,韧性断裂准则中材料常数的个数决定了所做试验类型的次数,而次数的增加会削弱理论预测的优势。第二种方法仅利用单向拉伸试验既能得到材料的应力-应变曲线,又可确定 DFC-MK 模型中的所有参数。文献[12]采用第一种方法确定材料常数 C 和初始厚度不均度 f_0,得到了不同韧性断裂准则下的 DFC-MK 模型得到了 5A06-O 铝合金板材的成形极限图,并与成形温度 20℃ 和 200℃ 下的成形极限试验数据进行了对比,如图 2-8 所

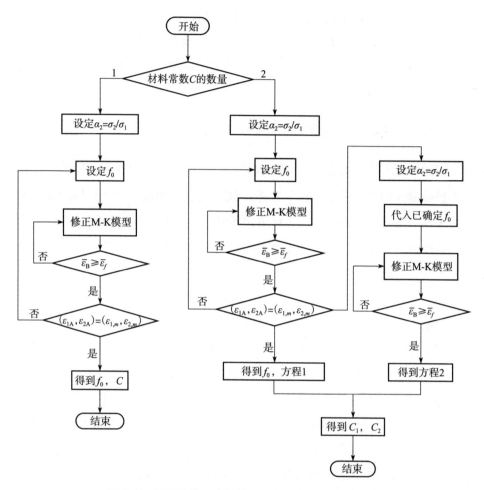

图 2-7　材料常数 C 和初始厚度不均度 f_0 计算流程图

示。从图 2-8 中可以看到，对于不同 DFC-MK 模型，成形极限图的右半区在 20℃时的差距较大，而在 200℃时几乎重合；左半区的预测值与成形温度无关，预测值始终比较接近。同时，以 Oyane-MK 为例，得到了各加载路径下 B 区与 A 区第一主应变增量比 $\Delta\varepsilon_{1B}/\Delta\varepsilon_{1A}$ 的极限值。由图 2-9 可知，$\Delta\varepsilon_{1B}/\Delta\varepsilon_{1A}$ 的极限值与加载路径相关，在平面应变时最大，单向拉伸和等双拉处最小，且最小值始终大于 10。而且 $\Delta\varepsilon_{1B}/\Delta\varepsilon_{1A} \geq 10$ 时，由 MK 模型预测的 $0 \leq \alpha \leq 1$ 之间的成形极限图不再发生改变。

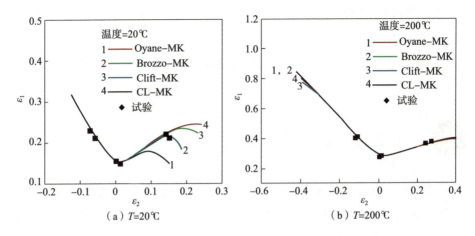

图 2-8 不同 DFC-MK 模型预测 FLD 和试验数据比较

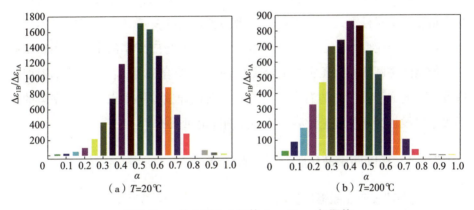

图 2-9 α 从 0 到 1 之间的 $\Delta\varepsilon_{1B}/\Delta\varepsilon_{1A}$ 极限值

基于以上分析，可将第二种方法表述如下。

（1）由单向拉伸试验测定相应加载路径下的一系列成形极限数据，将该点标记在成形极限图上，采用最小二乘法拟合得到所有数据的中心点 (x_o, y_o)。

（2）利用传统 MK 模型得到初始厚度不均度 $f_0 = 0.999$ 时的理论成形极限图，由单向拉伸极限点和平面应变极限点连接成直线 $y_l = f(x, y)$，计算点 (x_o, y_o) 到直线 $y_l = f(x, y)$ 的距离 L，若 $L/y_o > 0.01$，则以间隔为 0.001 减小初始厚度不均度 f_0，得到距离 L，直到 $L/y_o \leq 0.01$ 为止，记录此时的初始厚度不均度 f_0。

（3）对 DFC-MK 模型中的材料常数 C 赋初值得到理论成形极限图，与步骤（2）得到单向拉伸极限点和平面应变极限点进行比较，通过改变材料常数值，至误差小于 0.005 为止。

根据以上步骤即可得到 DFC-MK 模型中的材料常数 C 和初始厚度不均度 f_0。

2.3 试验验证及影响因素分析

成形极限曲线的试验方法有刚性球头凸模胀形[13]、刚性平底凸模胀形[13]、双轴拉伸和椭圆凹模液压胀形。与前 3 种方法相比，椭圆凹模液压胀形具有不受板材摩擦影响、试件形状简单、工作量小等优点[14]。本节通过有限元分析确定不同椭圆度的椭圆凹模液压胀形破裂位置，优化工艺参数从而得到指定应变路径下的成形极限点。为实现恒定应变率加载，建立液体压力与等效应变及应变率的公式，推导出压力变化率与应变率的定量关系。以应变率控制的椭圆凹模液压胀形试验获得 2A16-O 铝合金板材在不同成形温度及应变率下的成形极限图的右半区，结合单向拉伸试验极限点，得到完整的成形极限曲线，为评判理论预测方法的准确性提供依据。

2.3.1 椭圆凹模液压胀形适用性论证

1. 椭圆凹模液压胀形试验原理

板材在椭圆凹模液压胀形时，其顶点处微元体如图 2-10 所示。设面内第一、二主应力分别为 σ_1、σ_2，椭圆长短轴对应主曲率半径为 ρ_1、ρ_2，瞬时厚度及液体压力分别为 t、P。为简化解析计算，设材料为各向同性，则顶点处应力如下[13]。

$$\sigma_1 = (P/2t) \cdot \rho_2 \cdot (1+2\rho)/(1+\rho+\rho^2) \tag{2.56}$$

$$\sigma_2 = (P/2t) \cdot \rho_2 \cdot (2+\rho)/(1+\rho+\rho^2) \tag{2.57}$$

$$\eta = \rho_2/\rho_1 \tag{2.58}$$

据上式可知，通过改变液压胀形时的椭圆度 χ（$\chi = b/a$，表示椭圆短、长轴之比），可以得到不同的应力状态，且能保持线性加载。由于在椭圆凹模液压胀形时，应变比 $\beta = \varepsilon_2/\varepsilon_1 \geq 0$（$\varepsilon_1$、$\varepsilon_2$ 分别为面内第一、二主应变），需结合单向拉伸试验得到完整的成形极限曲线。

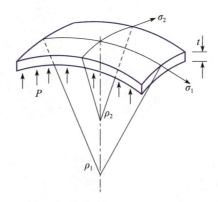

图 2-10 胀形顶点处微元体示意图

2. 工艺参数选取

为验证椭圆凹模液压胀形对 2A16-O 铝合金板材成形极限测定的适用性，建立 1/4 有限元模型如图 2-11 所示。分析中采用适合铝合金板的 Barlat89 屈服准则，由于 2A16-O 的面内各向异性不明显，此处仅考虑板材厚向异性。

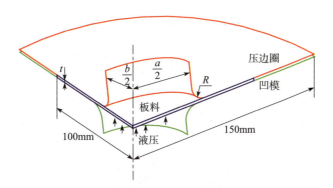

图 2-11 椭圆胀形有限元模型示意图

在椭圆凹模液压胀形中，影响板材破裂的主要因素为椭圆度 χ 和凹模圆角半径 r_d。在 210℃、0.001s^{-1}、$R=8$mm 条件下，分析得到不同椭圆度的等效应变分布趋势如图 2-12 所示。图中 X、Y 分别表示椭圆凹模液压胀形短、长轴对称截面。图 2-13 所示为 X 对称截面上的等效应变值分布图，H 表示瞬时胀形高度。

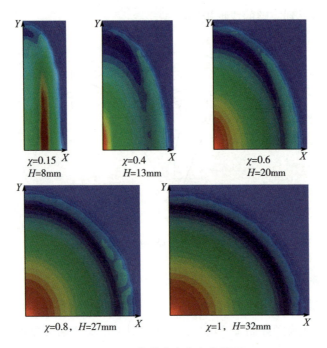

图 2-12　等效应变分布趋势图

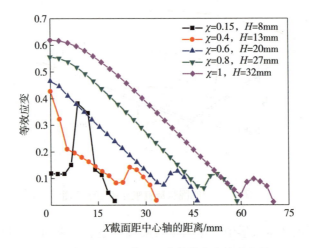

图 2-13　X 对称截面上的等效应变值分布图

由图 2-12 可知，当 $\chi=1$，0.8，0.6，0.4 时，最大等效应变均出现在胀形顶点处，与当理论分析相符；而当 $\chi=0.15$ 时，等效应变的最大值出现在椭圆凹模液压胀形面的侧壁部位，分析中应以此作为危险破裂点进行处理。同时，在凹模圆角处，不同椭圆度下的等效应变均存在一个峰值，并且在胀形前期即达到 0.1。经分析，此处应力状态为近平面应变，对于韧性较差的 2A16-O 铝合金，容易提前破裂而影响成形极限曲线的获取。

在凹模圆角处，板材主要受弯拉作用，图 2-13 给出了通过改变凹模圆角半径进行有限元分析，得到的该位置最大等效应变值。如图 2-14 所示，当 $r_d \geqslant 15mm$ 时，等效应变不再随凹模圆角半径的增加而降低。由于本节试验中液体密封采用法兰面密封形式，为增大法兰接触面积，后续将以 $r_d = 15mm$ 进行有限元和试验分析。

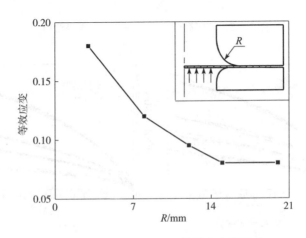

图 2-14 凹模圆角半径对等效应变的影响

根据以上分析，分别对 $\chi = 1$，0.8，0.6，0.4 的胀形顶点及 $\chi = 0.15$ 的侧壁提取第一、二主应变路径如图 2-15 所示，说明经优化后的椭圆凹模液压胀形方法可以实现 2A16-O 铝合金板材在线性加载下的成形极限曲线的测定。

2.3.2 应变率与压力变化率转换

在椭圆凹模液压胀形试验中，需要确定应变率与压力变化率的关系，通过控制压力变化率的变化，以获得与单拉极限点同一应变率下的成形极限数据，从而绘制不同成形温度、不同应变率下的成形极限曲线。

以 $\chi = 0.6$ 为例，基于有限元的液体压力与等效应变的关系（图 2-16），在胀形过程中，液体压力与等效应变呈单调增函数，且符合幂指数形式。

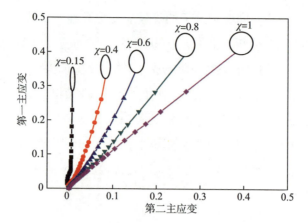

图 2-15 不同椭圆度的第一、二主应变路径

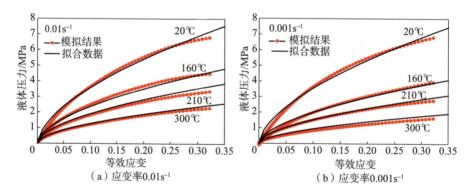

(a) 应变率 0.01s^{-1}　　　　　(b) 应变率 0.001s^{-1}

图 2-16 基于有限元的液体压力与等效应变的关系

为此,建立液体压力、等效应变及应变率的关系为

$$P = \Lambda \bar{\varepsilon}^{\theta} \dot{\bar{\varepsilon}}^{q} \tag{2.59}$$

式中：$\bar{\varepsilon}$ 为等效应变；$\dot{\bar{\varepsilon}}$ 为等效应变率；Λ、θ、q 为与成形温度相关的函数。基于图 2-16 所示有限元数据,通过最小二乘法对式（2.59）在各个成形温度下进行曲面拟合,得到不同成形温度下 Λ、θ、q 常数,并将其拟合为成形温度的函数。因此在 $\chi = 0.6$ 的胀形过程中,液体压力可表示为

$$\begin{aligned}
&P = \Lambda \bar{\varepsilon}^{\theta} \dot{\bar{\varepsilon}}^{q} \\
&\Lambda = 14.80084 - 0.01951T - 3.26091 \times 10^{-5} T^2 \\
&\theta = 0.60256 - 2.97351 \times 10^{-4} T + 5.63084 \times 10^{-7} T^2 \\
&q = -0.00816 + 5.25022 \times 10^{-4} T + 1.65665 \times 10^{-7} T^2
\end{aligned} \tag{2.60}$$

式（2.60）计算得到的比较结果如图 2-16 所示，可见两者符合程度较高。在胀形过程中设定应变率恒定，式（2.59）两侧对时间求导，有

$$\dot{P} = \Lambda \theta \bar{\varepsilon}^{\theta-1} \dot{\bar{\varepsilon}}^{1+q} \qquad (2.61)$$

由 $\bar{\varepsilon} = \dot{\bar{\varepsilon}} t$，代入式（2.61）中，得

$$\dot{P} = \Lambda \theta \dot{\bar{\varepsilon}}^{\theta+q} t^{\theta-1} \qquad (2.62)$$

压力变化率与应变率的关系如图 2-17 所示。为保持应变率恒定，在胀形前期，压力变化率迅速降低；随着变形继续，压力变化率变化趋于平缓。在应变率不变的情况下，成形温度越高，压力变化率变化区间相对较小。在同一成形温度下，应变率越大，胀形前期的压力变化率变化越剧烈，所需的压力变化率明显高于应变率小的情况。

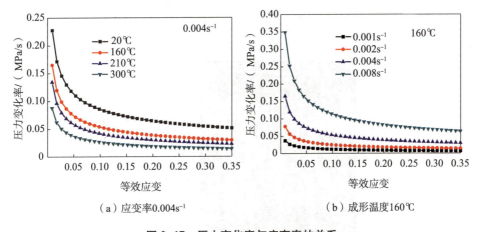

图 2-17　压力变化率与应变率的关系

2.3.3　试验结果分析

本试验所用液压胀形工装的装配图及实物图如图 2-18 所示，该工装可以实现 0~350℃范围内的液压胀形试验。椭圆凹模液压胀形所用凹模尺寸及实物图如图 2-19 所示。通过更换不同椭圆度的凹模，并在液压胀形过程中通过电磁比例溢流阀控制压力变化率的变化，从而得到不同成形温度和应变率下的 2A16-O 铝合金板材的成形极限曲线。

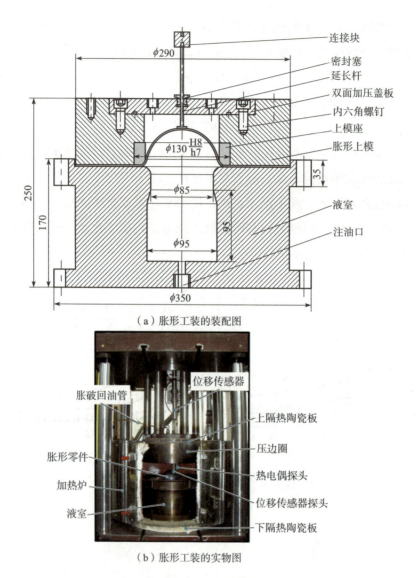

(a) 胀形工装的装配图

(b) 胀形工装的实物图

图 2-18 液压胀形工装的装配图及实物图

图 2-20 所示为温度 210℃ 和应变率 $0.001s^{-1}$ 时不同椭圆度下的椭圆凹模液压胀形试验件。当 $\chi=1$，0.8，0.6，0.4 时，破裂点均出现在胀形顶点处；而当 $\chi=0.15$ 时，破裂发生在短轴对称面的侧壁位置，说明有限元分析与实验结果相吻合。图 2-21 所示为 $\chi=0.8$ 和 $0.01s^{-1}$ 时不同温度下的椭圆凹模液压胀形试验结果，试件胀形高度和破裂处的应变值随着温度升高而增加。

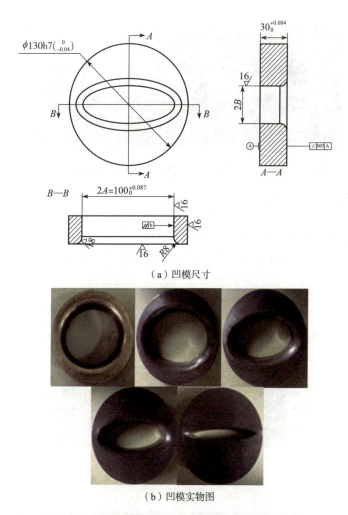

（a）凹模尺寸

（b）凹模实物图

图 2-19　椭圆凹模液压胀形所用凹模尺寸及实物图

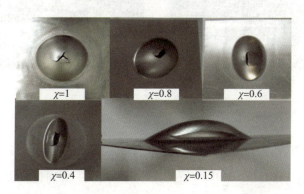

图 2-20　不同椭圆度下的椭圆凹模液压胀形试验件（210℃、0.001s^{-1}）

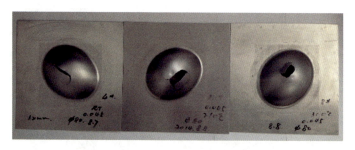

图 2-21　不同温度下的椭圆凹模液压胀形试验结果（$\chi=0.8$，应变率 $0.01s^{-1}$，温度 20℃、210℃、300℃）

为了获得 2A16-O 铝合金板材在剪切作用下的成形极限点，设计剪切试样如图 2-21 所示[15]。如文献［15］所述，通过改变试件切除部分的开口张度，可以得到不同应变比下的成形极限点。由于设备原因，仅在常温下进行了纯剪切试验。图 2-23 所示为剪切试验实物图。图 2-23（a）所示为原始试件，图 2-23（b）所示为破裂试件。

图 2-22　剪切试样设计示意图[15]

（a）原始试件

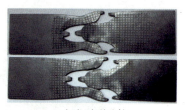

（b）破裂试件

图 2-23　剪切试验实物图

结合椭圆凹模液压胀形和单向拉伸试验，得到了成形温度 20℃、210℃、300℃ 和应变率 $0.001s^{-1}$、$0.01s^{-1}$ 下的成形极限曲线，并通过剪切试验测得 20℃ 时的纯剪切极限点，如图 2-24 所示。由图 2-24 可知，随着成形温度的升高，板材的极限应变值增大；对比图 2-24（a）和图 2-24（b）可知，在 20℃ 时，应变率对成形极限曲线的影响不大，在 210℃ 和 300℃ 下，随着应变率的降低，成形极限曲线均有所提高；且随着成形温度的增加，应变率影响作用更大。综上可知，在高温、低应变率的情况下，可以得到更高的板材成形性能。

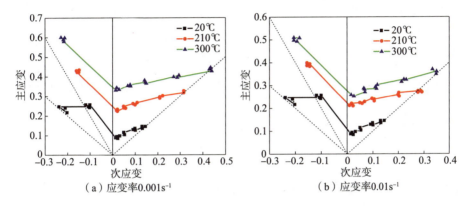

图 2-24　2A16-O 铝合金不同成形温度及应变率下的成形极限曲线

2.3.4　DFC-MK 模型验证

对于传统 MK 模型和本书提出的 DFC-MK 模型，判定准则选择 CL 韧性断裂准则，屈服条件为 Hill48 屈服准则和 Barlat89 屈服准则。采用 MATLAB 编程分别计算不同模型的理论成形极限图，与试验数据进行比较，如图 2-25 所示。

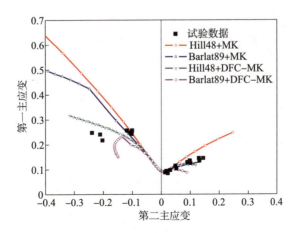

图 2-25　预测成形极限图与试验数据对比（20℃）

从图 2-25 中可以看到，在成形极限图的右半区，Barlat89+MK 模型的预测精度最高，Hill48+MK 模型的预测值偏高，Barlat89+DFC-MK 模型的预测值略低，Hill48+DFC-MK 模型可以得到比较精确的成形极限点，但与 Barlat89+MK 模型相比，仍然偏差较大；在成形极限图的左半区，4 种模型均能准确预测单向拉伸下的成形极限点，但对于纯剪切极限点，Hill48＋MK 模型和 Barlat89+MK 模型的预测值过高，而 Barlat89+DFC-MK 模型的预测值过低，虽然 Hill48+DFC-MK 模型的预测值比试验值偏大，但差距较小。

综合以上分析，在预测右半区成形极限时，选择 Barlat89+DFC-MK 模型，采用 Hill48＋DFC-MK 模型预测左半区成形极限。由该方法求得成形温度 20℃、210℃、300℃和应变率 $0.001s^{-1}$、$0.01s^{-1}$ 下的理论成形极限图，并与试验数据进行了对比（图 2-26）。由图 2-26 可知，理论预测值与试验数据贴合度较高，说明该方法可以适应不同成形温度及应变率下的成形极限图预测。

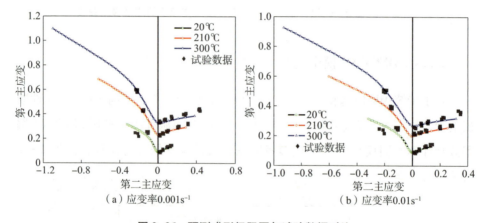

图 2-26　预测成形极限图与试验数据对比

在以上预测及分析中，板材均处于平面应力状态，针对充液热拉深的工艺特点，不仅分析成形温度及应变率对板材成形极限的影响，还需要考虑液室压力所带来的厚向应力对板材成形性能的影响。定义 FLD_0^0 为加载路径 $\alpha_2 = 0.5$ 下的极限主应变值，在不同成形温度下，施加不同的厚向应力，得到相应条件下的 FLD_0^1，与平面应力状态下的 FLD_0^0 进行比较，则成形改善量 ψ 可表示为：

$$\psi = \frac{\text{FLD}_0^1 - \text{FLD}_0^0}{\text{FLD}_0^0} \times 100\% \qquad (2.63)$$

由式（2.63）计算出不同成形温度下厚向应力对 2A16-O 铝合金成形极限的影响程度，如图 2-27 所示，在相同成形温度下，随着厚向应力的增加，成形改善量也在提高，在 20℃、厚向应力 P 从 10MPa 变为 30MPa，成形改善量由 6.7% 提高至 22.1%。成形温度越高，相同的厚向应力对成形性能的改善程度越高。以 $P=30$MPa 为例，成形改善量由 20℃ 时的 22.1% 增加为 300℃ 时的 153%。

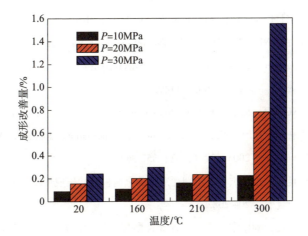

图 2-27　不同成形温度下厚向应力对 2A16-O 铝合金成形极限的影响

参考文献

[1] MARCINIAK Z, KUCZYNSKI K. Limit Strains in the Processes of Stretch-Forming Sheet Metal [J]. International Journal of Mechanical Science, 1967, 9 (9): 609-620.

[2] ALLWOOD J M, SHOULER D R. Generalised Forming Limit Diagrams Showing Increased Forming Limits with Non-Planar Stress States [J]. International Journal of Plasticity, 2009, 25 (7): 1207-1230.

[3] CLIFT S E, HARTLEY P, STURGESS C E N, et al. Fracture Prediction in Plastic Deformation Processes [J]. International Journal of Mechanical Sciences, 1990, 32 (1): 1-17.

[4] COCKCROFT M G, LATHAM D J. Ductility and the Workability of Metals [J]. Journal Insti-

tute of Metals, 1968, 96 (2): 33-39.

[5] 胡世光, 陈鹤峥. 板料冷压成形的工程解析 [M]. 北京: 北京航空航天大学, 2004.

[6] HILL R. A Theory of the Yielding and Plastic Flow of Anisotropic Metals [J]. Proceedings of the Royal Society. A: Mathematical, Physical and Engineering Sciences, 1948, 193 (1033): 281-297.

[7] BARLAT F. Plastic Behavior and Stretchability of Sheet Metals. Part I: A Yield Function for Orthotropic Sheets Under Plane Stress Conditions [J]. International Journal of Plasticity, 1989, 5 (1): 51-66.

[8] FIELDS D S, BACKOFEN W A. Determination of Strain Hardening Chareacteristics by Torsion Testing [C]. Proceedings American Society Testing Materials. 1957.

[9] ASSEMPOUR A, NURCHESHMEH M. The Influence of Material Properties On the Shape and Level of the Forming Limit Diagram [C]. Sheet/Hydro/Gas Forming Technology & Modeling (Part 1 & 2). Detroit, 2003: 1149.

[10] KIM J, KANG S J, KANG B S. A Prediction of Bursting Failure in Tube Hydroforming Processes Based on Ductile Fracture Criterion [J]. International Journal of Advanced Manufacturing Technology, 2003, 22 (5-6): 357-362.

[11] 高付海, 桂良进, 范子杰. 基于韧性准则的金属板料冲压成形断裂模拟 [J]. 工程力学, 2010, 27 (2): 204-208.

[12] 郎利辉, 杨希英, 刘康宁, 等. 一种韧性断裂准则中材料常数的计算模型及其应用 [J]. 航空学报, 2015, 36 (2): 672-679.

[13] 中华人民共和国国家质量监督检验检疫总局, 中国国家标准化管理委员会, 金属材料 薄板和薄带 成形极限曲线的测定 第 2 部分: 实验室成形极限曲线的测定: GB/T 24171.2—2009 [S]. 北京: 中国标准出版社, 2009.

[14] 李春峰, 李雪春, 杨玉英. 椭圆凹模液压胀形法制作成形极限图 [J]. 材料科学与工艺, 1996, 4 (2): 101-105.

[15] SHOULER D R, ALLWOOD J M. Design and Use of a Novel Sample Design for Formability Testing in Pure Shear [J]. Journal of Materials Processing Technology, 2010, 210 (10): 1304-1313.

基于DFC-MK模型的成形极限

3.1 变应变路径下 DFC-MK 模型验证

3.1.1 变应变路径下成形极限图计算方法

在变应变路径中，最简单的形式为双线性加载路径。该方法常用于试验研究预应变大小、路径及方向对板材成形极限的影响程度，也方便验证相关理论模型预测成形极限图（FLD）的准确性。以 DFC-MK 模型计算 FLD 时，应变路径的改变表现为材料应力-应变曲线中的加/卸载情况，如图 3-1 所示。根据加/卸载的不同处理方式，本章将变应变路径下的 FLD 计算方法分为单步计算法和分步计算法。

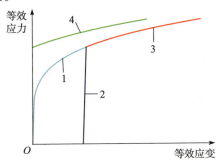

图 3-1 应力-应变曲线中加/卸载示意图

1. 单步计算法

在图 3-1 中,"2"表示单向拉伸试验中材料的加/卸载过程,"1"和"3"分别表示卸载前和重新加载后的应力-应变曲线。在不改变加载方向的情况下,加/卸载过程不影响材料的应力-应变曲线。第 2 章计算线性路径下的 FLD 时,即应用的"1"和"3"描述的整条应力-应变曲线。为了记录应变路径改变产生的影响,在所编写的 DFC-MK 模型的初始位置添加如下判断式。

$$\begin{aligned} &\text{if EPS<value} \\ &\quad \alpha = \text{path\_1} \\ &\text{else} \\ &\quad \alpha = \text{path\_2} \end{aligned} \quad (3.1)$$

式中:EPS(Equivalent Pre-Strain)为等效预应变;α 为面内第二主应力与第一主应力的比值;value 为预应变大小;path_1 和 path_2 分别为加/卸载前后的 α 值。

2. 分步计算法

在分步计算法中,根据加/卸载前后应变路径的不同,按下述步骤分别进行计算。

(1)预变形阶段,初始板材厚度 t_0^1 和初始厚度不均度 f_0^1 与单步计算法中的设置值相同,模型计算至 EPS=value 结束,记录下此刻的板材厚度 t_A^1 和 t_B^1、厚度不均度 f^1、等效应变 $\bar{\varepsilon}_A^1$ 和 $\bar{\varepsilon}_B^1$、第一主应变增量 $\Delta\varepsilon_{1A}^1$ 和 $\Delta\varepsilon_{1B}^1$、第一和第二主应变 ε_{1A}^1 和 ε_{2A}^1(下标 A、B 分别代表 DFC-MK 模型中的 A 区和 B 区,上标表示所处的应变路径阶段)。

(2)第二阶段,按照处理应力-应变曲线的方式,又可分为两种方法进行计算。

①设定初始板材厚度为 t_A^1、初始厚度不均度为 f^1、A 区和 B 区的等效预应变分别为 $\bar{\varepsilon}_A^1$ 和 $\bar{\varepsilon}_B^1$、A 区第一主应变增量的初始值为 $\Delta\varepsilon_{1A}^1$,本构方程由图 3-1 中曲线"3"拟合得到,表示为

$$\begin{cases} \overline{\sigma}=K_1(\overline{\varepsilon}+\overline{\varepsilon}_A^1)^{n_1}\dot{\overline{\varepsilon}}^{m_1} \\ \overline{\sigma}=K_2(\overline{\varepsilon}+\overline{\varepsilon}_A^1)^{n_2}\dot{\overline{\varepsilon}}^{m_2} \end{cases} \text{A 区}$$
$$\begin{cases} \overline{\sigma}=K_1(\overline{\varepsilon}+\overline{\varepsilon}_B^1)^{n_1}\dot{\overline{\varepsilon}}^{m_1} \\ \overline{\sigma}=K_2(\overline{\varepsilon}+\overline{\varepsilon}_B^1)^{n_2}\dot{\overline{\varepsilon}}^{m_2} \end{cases} \text{B 区} \quad (3.2)$$

其中：采用带预应变的分段 Fields 和 Backofen 本构形式，分段应变点由拟合精度而定，$\overline{\varepsilon}$ 从零开始，记录此阶段的第一、二主应变 ε_{1A}^2 和 ε_{2A}^2。

②设定初始板材厚度为 t_A^1、初始厚度不均度为 f^1，本构方程由图 3-1 中的曲线"4"拟合确定，其中，曲线"4"由曲线"3"平移得到，平移量为预应变阶段的 value 值，记录此阶段的第一、二主应变 ε_{1A}^2 和 ε_{2A}^2。

将预变形阶段的 ε_{1A}^1 和 ε_{2A}^1 与第二阶段的 ε_{1A}^2 和 ε_{2A}^2 相加，即得到某一成形极限点，改变第二阶段的应变路径，即可确定完整的变应变路径下的成形极限图。

3.1.2 理论预测与试验结果对比

Graf 和 Hosford 为研究变应变路径对板材成形极限的影响，采用 AL 2008-T4 铝合金进行了成形极限测定试验。AL2008-T4 铝合金板材的材料参数如表 3-1 所示。预应变类型为单向拉伸、平面应变和双向等拉，分为平行于轧制方向（0°方向）和垂直于轧制方向（90°方向），所得成形极限数据如图 3-2~图 3-4 所示。在验证变应变路径下 DFC-MK 模型的适用性时，即以此为依据。

表 3-1 AL2008-T4 铝合金板材的材料参数

K/MPa	n	R_0	R_{90}	E/MPa	σ_s/MPa	泊松比 ν
545	0.285	0.58	0.78	70121	154	0.33

首先将 AL2008-T4 铝合金的材料参数代入 DFC-MK 模型中，根据第 2 章的计算方法得到材料常数 $C=243.8$ 和初始厚度不均度 $f_0=0.99$。图 3-2 所示为 0°方向、线性加载条件下的理论 FLD 和试验数据对比。图中实心圆和实心

三角形分别为集中颈缩区内、外的试验点。

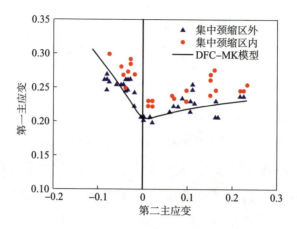

图 3-2　0°方向、线性加载条件下的理论 FLD 和试验数据对比

采用变应变路径下 FLD 计算方法求得不同预应变大小和方向的成形极限图，与试验数据进行比较，如图 3-3 和图 3-4 所示，其中以第一主应变表示预应变大小。从图中可以看到，不同预应变条件下，成形极限图的左半区始终精度较高；预应变为双向等拉时，理论预测与试验数据的贴合度最高；其他情况下，成形极限图的右半区预测与试验数据有一定误差，但二者趋势一致。结果说明，DFC-MK 模型可以准确预测变应变路径下的 AL2008-T4 铝合金板材的成形极限图。

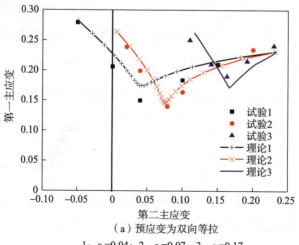

(a) 预应变为双向等拉

1：ε_1=0.04；2：ε_1=0.07；3：ε_1=0.17。

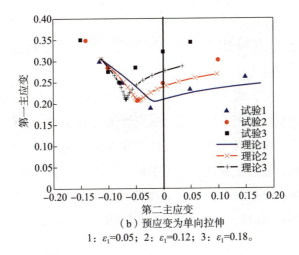

（b）预应变为单向拉伸
1：$\varepsilon_1=0.05$；2：$\varepsilon_1=0.12$；3：$\varepsilon_1=0.18$。

图 3-3　变应变路径下理论 FLD 和试验数据对比（90°方向）

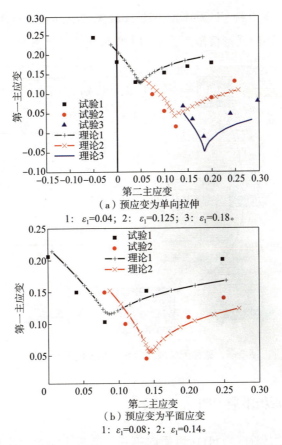

（a）预应变为单向拉伸
1：$\varepsilon_1=0.04$；2：$\varepsilon_1=0.125$；3：$\varepsilon_1=0.18$。

（b）预应变为平面应变
1：$\varepsilon_1=0.08$；2：$\varepsilon_1=0.14$。

图 3-4　变应变路径下理论 FLD 和试验数据对比（先 0°方向后 90°方向）

3.2 基于 DFC-MK 模型的路径无关成形极限判据

由以上分析可知，成形极限图受应变路径的影响较大，不能直接应用线性加载条件下的成形极限图指导板材成形性能的判断和工艺参数制定。在有限元仿真分析中，可以嵌入 DFC-MK 模型实现变应变路径下的预测，但操作比较复杂。为此，相关学者进行了大量研究，提出了不同的与应变路径无关的成形极限判据。比较常用的有成形极限应力图（FLSD）、扩展成形极限图（XFLD）、极坐标等效塑性应变图（PEPSD）及扩展成形极限应力图（XFLSD）。

以厚向异性 Hill48 模型为例，几种路径无关成形极限判据间的对应关系如图 3-5 所示。本节将 DFC-MK 模型预测的变应变路径下成形极限图进行了转换，分析其在不同成形极限判据下的表现形式及变化情况。

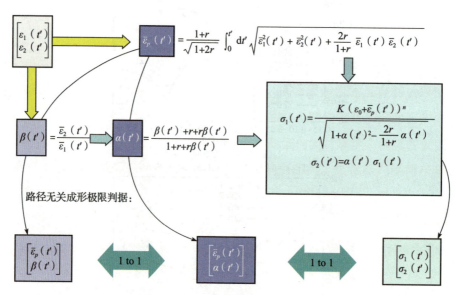

图 3-5 路径无关成形极限判据间的对应关系

3.2.1 成形极限应力图

成形极限应力图（FLSD）以面内第一、第二主应力为坐标，对于 DFC-

MK模型，应变路径从纯剪到双向等拉。图3-6所示为变应变路径下理论成形极限应力图（90°方向）。预应变大小的表示方式规定如下：单向拉伸和平面应变以第一主应变来表示，双向等拉以等效应变表示。当预应变为单向拉伸时，随着预应变的增大，成形极限应力图降低，且在双向等拉时降低幅度最大；当预应变为平面应变时，随着预应变的增大，成形极限应力图在单向拉伸处提高，在双向等拉处降低；当预应变为双向等拉时，随着预应变的增大，成形极限应力图在单向拉伸处提高，在平面应变处降低，并且可得到板材的剪切强度为抗拉强度的0.66倍。

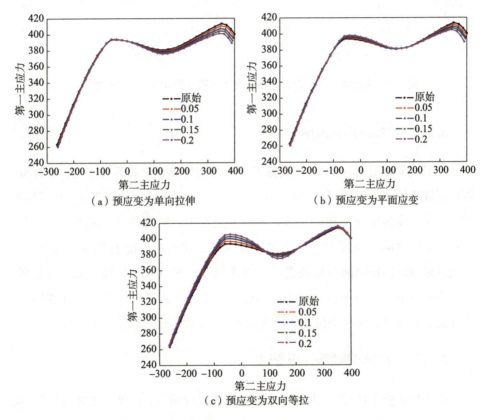

图3-6 变应变路径下理论成形极限应力图（90°方向）

变应变路径下理论成形极限应力图（先0°方向后90°方向）如图3-7所示。当预应变为单向拉伸时，随着预应变的增大，成形极限应力图降低，且在双向等拉时降低幅度最大；当预应变为平面应变时，随着预应变的增大，成形极限应力图在单向拉伸处提高，在双向等拉处降低。对比图 3-6 和图 3-7 可知，相同预应变对成形极限应力图的影响趋势也一致，仅影响程度不同。

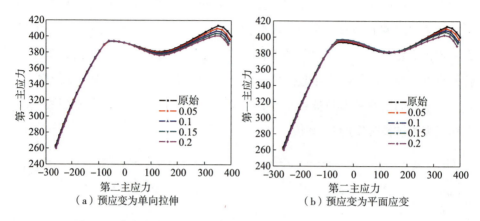

图 3-7 变应变路径下理论成形极限应力图（先 0°方向后 90°方向）

3.2.2 扩展成形极限图

扩展成形极限图（XFLD）的横纵坐标分别为应变比和等效应变。变应变路径下理论扩展成形极限图（90°方向）如图 3-8 所示。从图 3-8 中可以看到，当预应变为单向拉伸时，随着预应变的增大，扩展成形极限图降低，且在双向等拉时降低幅度最大；当预应变为平面应变时，随着预应变的增大，扩展成形极限图在单向拉伸处提高且幅度很小，在双向等拉处降低且变化较大；当预应变为双向等拉时，随着预应变的增大，扩展成形极限图在单向拉伸处提高较明显，在平面应变处降低较小。

3.2.3 极坐标等效塑性应变图

极坐标等效塑性应变图（PEPSD）是基于变量（$\bar{\varepsilon}_p$，θ）的成形极限判据，其中 $\bar{\varepsilon}_p$ 为等效应变，θ 由下式表示。

$$\theta = \arctan(\dot{\varepsilon}_2/\dot{\varepsilon}_1) \tag{3.3}$$

FLD 至 PEPSD 的转换过程示意图如图 3-9 所示。转换后的横纵坐标为

$$(x, y) = (\bar{\varepsilon}_p \cdot \sin\theta, \bar{\varepsilon}_p \cdot \cos\theta) \tag{3.4}$$

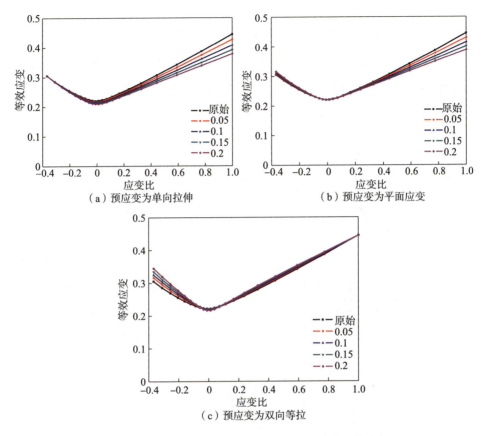

图 3-8 变应变路径下理论扩展成形极限图（90°方向）

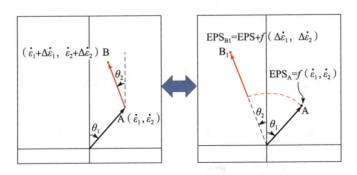

图 3-9 FLD 至 PEPSD 的转换过程示意图

变应变路径下极坐标等效塑性应变图（90°方向）如图 3-10 所示。从图 3-10 中可以看到，当预应变为单向拉伸时，随着预应变的增大，扩展成形极限图降低，且在双向等拉时降低幅度最大；当预应变为平面应变时，随着预应变的增大，极坐标等效塑性应变在单向拉伸处提高且幅度很小，在双向等拉处降低且变化较大；当预应变为双向等拉时，随着预应变的增大，极坐标等效塑性应变在单向拉伸处提高较明显，在平面应变处降低较小，在平面应变与双向等拉之间出现提高的趋势。

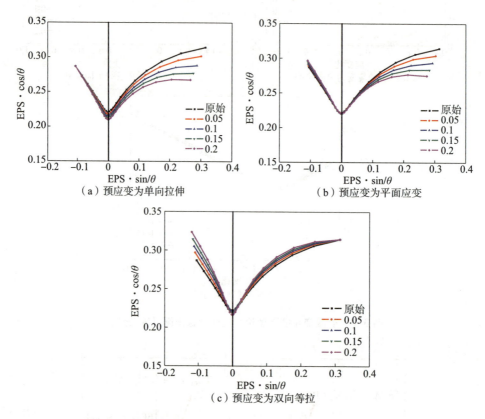

图 3-10　变应变路径下理论极坐标等效塑性应变图（90°方向）

3.2.4　扩展成形极限应力图

扩展成形极限应力图（XFLSD）以平均应力和等效应力为横纵坐标。图 3-11 所示为变应变路径下理论成形极限应力图（90°方向）。预应变大小的表示方式规定如下：单向拉伸和平面应变以第一主应变来表示，双向等拉以等效应变表示。当预应变为单向拉伸时，随着预应变的增大，扩展成形极限应力图降低，且在平面应变处降低幅度最大；当预应变为平面应变时，随着预应变的增大，扩展成形极限应力图在单向拉伸处提高，在双向等拉处降低，但变化均不显著；当预应变为双向等拉时，随着预应变的增大，扩展成形极限应力图在单向拉伸处提高，在平面应变处略有降低。

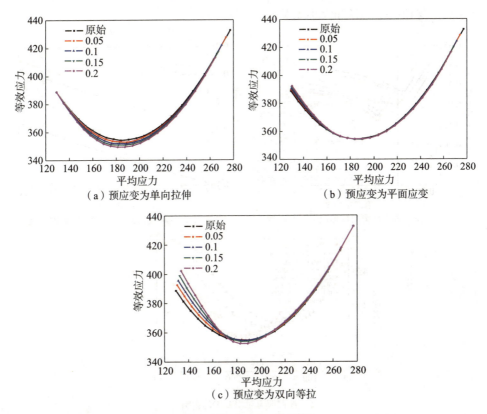

图 3-11 变应变路径下理论扩展成形极限应力图（90°方向）

3.3 变应变路径下板材成形极限影响因素分析

3.3.1 预应变对板材成形极限的影响

在变应变路径下，考虑厚向应力对成形极限的影响，预应变路径分别为单向拉伸和双向等拉，预应变大小选择等效应变表示，设定为 0.1，厚向应力值从 0~60MPa 变化。由 DFC-MK 模型得到的不同预应变条件下厚向应力对板材成形性能的影响如图 3-12 所示。图 3-12（a）所示为厚向应力对成形极限图的影响，单向拉伸和双向等拉预应变下，厚向应力均提升板材成形极限。由图 3-12（b）可知，厚向应力增加 20MPa，引起的成形性能改善量为 0.014，与预应变路径和大小无关。

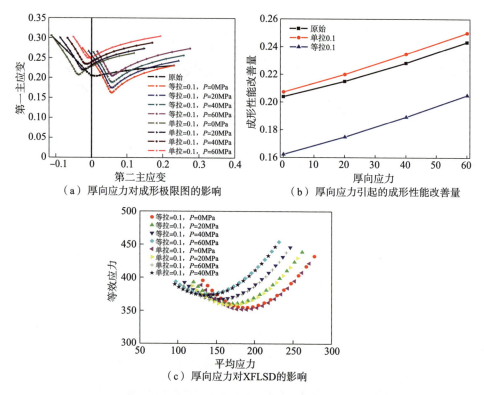

图 3-12　不同预应变条件下厚向应力对板材成形性能的影响

对于厚向应力对 XFLSD 的影响，如图 3-12（c）所示，改变预应变路径和大小的情况下，相同厚向应力的 XFLSD 也相同，说明了 XFLSD 的路径无关性。

通过分析不同预应变路径和大小的成形极限图可知，在相同第二主应变的情况下，平面应变极限点为最低点，单向拉伸时的双向等拉极限点为最高点；分别连接成形极限最高点和最低点，可得到成形极限图的上极限和下极限。同时，以单向拉伸时的极限点为基准值，得到总塑性功准则（材料常数

$C=93$）和最大厚度变薄率准则（17.5%）下的成形极限图。

图 3-13 所示为不同准则下的成形极限图对比。由图 3-13 可知，下极限为所有应变路径下的成形安全区域；最大厚度变薄率在成形极限图右半区比下极限预测值更加保守，在左半区则与线性加载下的成形极限图重合；在充分发挥板材最大成形性能的情况下，可以到达上极限；总塑性功准则与上极限相比，在右半区偏低，而在左半区比较一致。

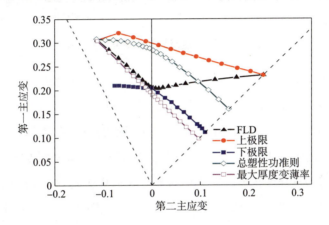

图 3-13 不同准则下的成形极限图对比

3.3.2 退火处理对板材成形极限的影响

在实际零件的生产中，通常需要多道次成形加中间退火处理，以达到恢复材料塑性的目的。如何安排零件在各工步的变形量与中间退火的关系，将影响成形质量和生产成本。以板材的成形极限作为评价指标，本节对 2A16-O 铝合金板材进行了研究。

在单向拉伸试验中，分别设置预应变为无预应变、0.05、0.1，采用实验室电热炉［图 3-14（a）］进行中间退火（退火温度统一设定为 420℃，保温 2h，随炉冷却至 270℃，置于空气中至常温），然后继续拉伸直至试件断裂［图 3-14（b）］，最终得到不同处理条件下的真实应力-真实应变曲线，如图 3-15 所示。板材的抗拉强度没有发生改变，且均在应变值 0.18 时，应力达到最高点。对真实应力-真实应变曲线进行拟合，得到应变硬化指数分别为：原始板材 $n=0.22$，预应变为 0.05 时 $n=0.19$，预应变为 0.1 时，$n=0.13$。

（a）电热炉

（b）断裂试件

图 3-14　退火处理使用的电热炉及单向拉伸试件

假定退火处理不影响初始厚度不均度值，由第 2 章可知 $f_0 = 0.94$，将所有参数代入 DFC-MK 模型中，得到不同预应变下退火处理对板材成形性能的影响，如图 3-15 所示。由图 3-16（a）可知，两种预应变下，退火处理均提高了板材成形极限；在单向拉伸时，预应变 0.05+退火处理的成形极限提高了 0.04，预应变 0.10+退火处理的成形极限提高了 0.057。将成形极限图转换后得到极坐标等效塑性应变图（图 3-16（b））。从图 3-16（b）中可以看到，从原始板材-预应变 0.05-预应变 0.10，退火处理引起的等效应变增加量更小，说明退火处理并未完全恢复板材的塑性，且随着预应变的增大，后续变形能力降低。

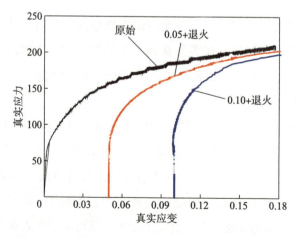

图 3-15　不同处理条件下的真实应力-真实应变曲线

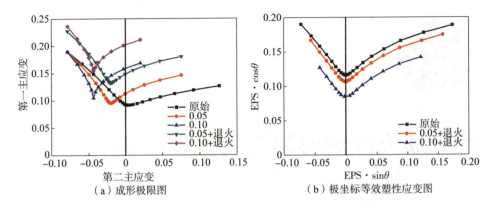

(a)成形极限图　　　　　　　　(b)极坐标等效塑性应变图

图 3-16　不同预应变下退火处理对板材成形性能的影响

热介质充液成形起皱失稳规律

 / 法兰起皱解析模型

4.1.1 理论分析基础

在回转薄壁件充液热拉深成形过程中,板料上的所有质点均产生空间位移及一定的变形。由于影响应力及应变场的因素很多,导致在求解应力应变状态和分布时而建立的力学模型相当复杂,为了得到变形过程中的各变量值,在不明显偏离实际工况的前提下,本章提出如下假设条件以简化计算。

(1) 板材在板面内为各向同性,只有厚向异性。

(2) 板材各处的厚度法向应力绝对值大小不超过面内主应力。

(3) 施加于板材上的压边力全部作用在法兰外缘。

4.1.2 法兰变形区的应力应变分析

在充液热拉深成形过程中,不同类型的回转薄壁件具有相同特征的法兰区域。此处以筒形件为例,对法兰区域的变形过程进行分析。图 4-1 所示为筒形件充液热拉深示意图。图中 Q 为施加在板料上的压边力,P 为液室内的液体压力。从图 4-1 中可以看到,筒形件充液热拉深被分为 5 个典型变形区:法兰区、凹模圆角、筒壁、凸模圆角、筒底。在液体压力的作用下,凹模圆角处的板料可出现反胀现象，为自由胀形区；其他变形区均至少有一侧受到刚性模具的约束，为非自由胀形区。

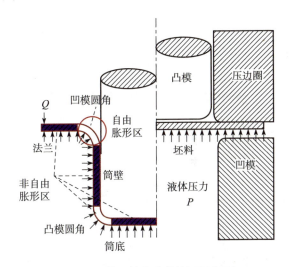

图 4-1 筒形件充液热拉深示意图

针对法兰区域下的板材变形，分析方法主要有解析法和有限元法。通过解析法可以使待求解与各变量间的关系一目了然，有利于对成形过程进行定性分析。但由于简化条件过多，误差较大，与实际工况不符。目前有限元法的应用最广，可以分析复杂的工程问题，缺点是计算量大、十分耗时，不利于发现共性规律和解决方法。

基于此，本章采用数值计算的方法对法兰变形区的应力应变进行了研究。建立的筒形件充液热拉深数值计算模型如图 4-2 所示。图中右侧为板坯的变形前状态，左侧为凸模行程为 h 时的已变形状态。回转薄壁件为轴对称壳体，首先将原始板坯沿径向由法兰外缘至凹模圆角处划分一定数量的环形单元（$i=1, 2, \cdots, N$）；同时，将整个充液热拉深过程离散化为一系列的瞬时变形阶段（$j=1, 2, \cdots, M$）。板材的初始厚度为 t_0，在拉深过程中分为厚度无变化和考虑厚度变化两种情况，对应力应变分步进行对比。对于后一种情况，假设环形单元内的板材壁厚处处相等。拉深时法兰受到厚度法向压应力的作用（外缘由压边圈施加，其他区域为溢流压力），但数值很小，可以忽略，依然认为处于切向受压、径向受拉的平面应力状态。在数值计算中，由压边圈和溢流压力产生的厚度法向压应力以作用在板料上的摩擦力形式来体现。

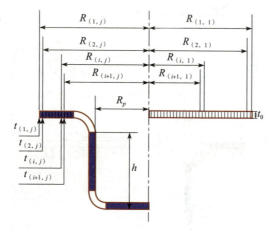

图 4-2　筒形件充液热拉深数值计算模型

对于拉深过程中的 j 阶段，在环形单元 i 的内部沿径向切取一个张角为 θ 的扇形微元体，其受力状况示意图如图 4-3 所示。

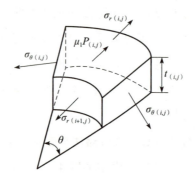

$\sigma_{r(i+1,j)}$、$\sigma_{r(i,j)}$ —微元体内、外侧的径向应力；$\sigma_{\theta(i,j)}$ —切向应力；
μ_1 —板料与压边圈的摩擦系数；$P_{(i,j)}$ —溢流压力；$t_{i,j}$ —板料厚度；θ —微元体对应的圆心角。

图 4-3　法兰变形区微元体受力状况示意图

因为微元体处于平衡状态，其径向合力为零，即

$$(\sigma_{r(i,j)}R_{(i,j)} - \sigma_{r(i+1,j)}R_{(i+1,j)})t_{(i,j)}\theta + 2\sigma_{\theta(i,j)}\Delta R_{(i,j)}t_{(i,j)}\sin\frac{\theta}{2} + \mu_1 P_{(i,j)}R_{(i,j)}\Delta R_{(i,j)}\theta = 0$$

(4.1)

其中：微元体的径向宽度 $\Delta R_{(i,j)} = R_{(i,j)} - R_{(i+1,j)}$。可以得到环形单元 i 内侧的径

向应力为

$$\sigma_{r(i+1,j)} = \frac{\sigma_{r(i,j)} \cdot R_{(i,j)} - \sigma_{\theta(i,j)} \cdot \Delta R_{(i,j)}}{R_{(i,j)} - \Delta R_{(i,j)}} + \frac{\mu_1 \cdot P_{(i,j)} \cdot R_{(i,j)} \cdot \Delta R_{(i,j)}}{t_{(i,j)}(R_{(i,j)} - \Delta R_{(i,j)})} \quad (4.2)$$

此处的切向应变 $\varepsilon_{\theta(i,j)}$、厚向应变 $\varepsilon_{t(i,j)}$ 和径向应变 $\varepsilon_{r(i,j)}$ 分别表示为

$$\varepsilon_{\theta(i,j)} = \ln \frac{R_{(i,j)}}{R_{(i,1)}}$$

$$\varepsilon_{t(i,j)} = \ln \frac{t_{(i,j)}}{t_0} \quad (4.3)$$

$$\varepsilon_{r(i,j)} = -(\varepsilon_{\theta(i,j)} + \varepsilon_{t(i,j)})$$

为了比较不同屈服准则对应力应变分布和临界压边力预测的影响，分别采用 Mises、Hill48、Barlat89 三种屈服准则。在平面应力状态下，可以简化为 Mises 屈服准则：

$$\overline{\sigma}_{(i,j)} = \sqrt{\sigma_{\theta(i,j)}^2 - \sigma_{\theta(i,j)}\sigma_{r(i,j)} + \sigma_{r(i,j)}^2} \quad (4.4)$$

Hill48 屈服准则：

$$\overline{\sigma}_{(i,j)} = \sqrt{\sigma_{\theta(i,j)}^2 - \frac{2r}{1+r}\sigma_{\theta(i,j)}\sigma_{r(i,j)} + \sigma_{r(i,j)}^2} \quad (4.5)$$

Barlat89 屈服准则：

$$\overline{\sigma}_{(i,j)} = \left\{\frac{a}{2}[\sigma_{r(i,j)}^m + (-h\sigma_{\theta(i,j)})^m] + \left(1 - \frac{a}{2}\right)(\sigma_{r(i,j)} - \sigma_{\theta(i,j)})^m\right\}^{1/m} \quad (4.6)$$

等效应变统一采用 Hill48 屈服函数进行计算，则

$$\overline{\varepsilon}_{(i,j)} = \frac{1+r}{\sqrt{1+2r}}\sqrt{\varepsilon_{\theta(i,j)}^2 + \frac{2\xi}{1+\xi}\varepsilon_{\theta(i,j)}\varepsilon_{r(i,j)} + \varepsilon_{r(i,j)}^2} \quad (4.7)$$

由分段形式拟合得到材料的本构方程，有

$$\overline{\sigma}_{(i,j)} = \begin{cases} K_1 \overline{\varepsilon}_{(i,j)}^{n_1} & (\overline{\varepsilon}_{(i,j)} < 0.1) \\ K_2 \overline{\varepsilon}_{(i,j)}^{n_2} & (\overline{\varepsilon}_{(i,j)} \geq 0.1) \end{cases} \quad (4.8)$$

根据以上理论基础和相关假设，从阶段 $j=1$、环形单元 $i=1$ 开始计算，具体推导过程如下。

（1）对单元厚度设定一个初始值 $t_{x(i,j)}$，根据式（4.3）得到切向应变 $\varepsilon_{\theta(i,j)}$、厚向应变 $\varepsilon_{t(i,j)}$ 和径向应变 $\varepsilon_{r(i,j)}$。

(2) 由式 (4.7) 计算等效应变 $\bar{\varepsilon}_{(i,j)}$，同时以本构方程式 (4.8) 确定等效应力 $\bar{\sigma}_{(i,j)}$。

(3) 在 j 阶段，环形单元 $i=1$ 即法兰外缘，单元外侧的径向应力为

$$\sigma_{r(1,j)} = \frac{(\mu_1 + \mu_2)Q}{2\pi R_{(1,j)} t_{(1,j)}} \quad (4.9)$$

式中：μ_2 为板料与凹模间的摩擦系数，当 $i \neq 1$ 时，$\sigma_{r(i,j)}$ 为已知量。将等效应力 $\bar{\sigma}_{(i,j)}$ 和径向应力 $\sigma_{r(i,j)}$ 代入屈服准则中，反算出切向应力 $\sigma_{\theta(i,j)}$。

(4) 根据体积不变条件，j 阶段环形 i 单元的体积应与初始时刻环形单元 i 的体积相等，已知环形单元 i 内板料壁厚均匀，由此得该区域的几何方程为

$$(R_{(i,1)}^2 - R_{(i+1,1)}^2) t_0 = (R_{(i,j)}^2 - R_{(i+1,j)}^2) t_{(i,j)} \quad (4.10)$$

以差分形式代替微分形式，塑性流动法向性原则表示为

$$\Delta\varepsilon_{\theta(i,j)} : \Delta\varepsilon_{r(i,j)} = \frac{\partial f}{\partial \sigma_{\theta(i,j)}} : \frac{\partial f}{\partial \sigma_{r(i,j)}} \quad (4.11)$$

结合式 (4.3)、式 (4.10)、式 (4.11)，计算得到 $\Delta\varepsilon_{r(i,j)}$，$\Delta\varepsilon_{t(i,j)} = -(\Delta\varepsilon_{\theta(i,j)} + \Delta\varepsilon_{r(i,j)})$。对假设和计算的 $\Delta\varepsilon_{t(i,j)}$ 进行比较，若不相等，则返回 (1) 重新计算；若相等，则证明计算得到的 $\sigma_{\theta(i,j)}$ 正确。

(5) 依次计算下一单元（$i=i+1$）内的 $t_{(i,j)}$、$\sigma_{\theta(i,j)}$ 和 $\sigma_{r(i,j)}$，直到某一单元已被拉入凹模内，说明 j 阶段法兰区域的应力应变分析已全部完成。

4.1.3 法兰起皱临界压边力计算

1. 能量关系

在充液热拉深过程中，压边力和液室压力是影响成形能否顺利进行的主要工艺参数。为了抑制法兰起皱，需要建立液室压力、压边力与拉深深度三者之间的关系。求解引起法兰区域板材受压失稳的临界压边力时，为了简化分析并得到近似解答，大多选择能量法而较少使用力的微分平衡法。在应用能量法求解过程中，只要波形函数假设合适，即可求得正确的答案；否则，答案会有误差。而能量法的优点是，即使所设起皱挠度分布与实际情况不大相符，误差也可以忽略不计。

根据充液热拉深的工艺特征，法兰失稳起皱时的能量转换主要有以下 4

个方面。

（1）法兰失稳起皱，波纹隆起所需的弯曲功。半波的弯曲功设为 U_w。

（2）法兰失稳起皱后，周长缩短，切向应力因周长缩短而释放出的能量。对于半波而言，切向应力释放出的能量设为 U_θ。

（3）压边力所消耗的能量。每个半波上消耗的能量设为 U_Q。

（4）溢流状态下，法兰区域的溢流压力所做的功。设半波做的功为 U_P。

在法兰失稳起皱的临界状态下，相应表达式为

$$U_\theta + U_P = U_w + U_Q \tag{4.12}$$

式（4.12）可以作为本节应用能量法求解临界压边力的基本出发点。

2. 波形函数

通过筒形件充液热拉深的试验研究，可知法兰失稳起皱后的波纹挠曲形状如图 4-4（a）所示。图中 A、B、C、D 为单波皱纹的边界点，从法兰外缘至凹模圆角处，波纹由高变低、由宽变窄。剖面示意图如图 4-4（b）所示，Y 为任意点波纹的挠度，X 为此点在圆周上的投影位置。假定其波形函数的数学模型为

$$y = \frac{y_0}{2}\left(1 - \cos\left(\frac{2\pi\phi}{\phi_0}\right)\right)\left(\frac{R - r_i}{R_t - r_i}\right)^\zeta \tag{4.13}$$

式中：y_0 为单波的最大挠度；y 为法兰处任意点（坐标为 R、ϕ）处之挠度；ϕ_0 为单波所对的圆心角；ϕ 为单波任意弧段所对的圆心角；R 为法兰处任意点的位置半径；r_i 为法兰内半径；R_t 为某一拉深瞬间法兰外半径；ζ 为指数常数。

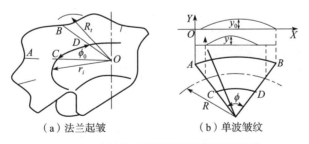

(a) 法兰起皱　　　　(b) 单波皱纹

图 4-4　法兰失稳起皱后的波纹挠典形状

该数学模型满足下列边界条件：当 R 为任意值，但 $\phi = \phi_0$ 或 $\phi = 0$ 时，$y = 0$；只有当 $R = R_t$，$\phi = \dfrac{\phi_0}{2}$ 时，$y = y_0$。如前所述，波形函数影响能量法的预测精度，

式（4.13）中的指数常数ζ唯一确定波纹的形状分布。

图4-5所示为不同ζ时的起皱波纹沿径向分布图。通过有限元分析可知，当$\zeta=0.5$时，法兰处波纹截面形状符合起皱的实际特征，故波形函数修正后为

$$y=\frac{y_0}{2}\left(1-\cos 2\pi\frac{\phi}{\phi_0}\right)\left(\frac{R-r_i}{R_t-r_i}\right)^{1/2} \qquad (4.14)$$

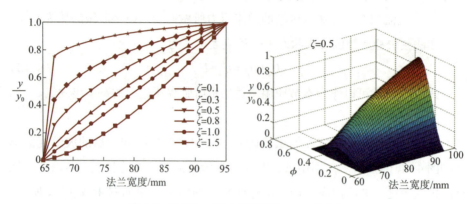

图4-5　不同ζ时的起皱波纹沿径向分布图

3. 能量表达式

根据上述波形函数及边界条件，对能量表达式U_θ、U_w、U_Q、U_P按单波进行分析。图4-6所示为单波内能量表达式推导示意图。具体过程如下。

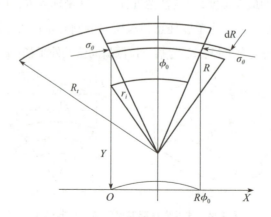

图4-6　单波内能量表达式推导示意图

（1）切向应力释出能量U_θ。如图4-6所示，法兰失稳起皱后，径向宽度$\mathrm{d}R$的环形单元周长不变，向凹模口移动，半径R减小，环形单元在X轴上的

投影长度缩短，半波的缩短量为

$$S' = \int_0^l dS - \int_0^l dx \tag{4.15}$$

式中：dS 为半波微分量的弧长；l 为半波长度；dx 为半波微分弧段在 X 轴上投影后的长度。

因为

$$dS = \sqrt{dx^2 + dy^2} = \left[1 + \frac{1}{2}\left(\frac{dy}{dx}\right)^2\right] dx \tag{4.16}$$

代入式（4.15），所以

$$S' = \int_0^l \left[1 + \frac{1}{2}\left(\frac{dy}{dx}\right)^2\right] dx - \int_0^l dx = \frac{1}{2} \int_0^l \left(\frac{dy}{dx}\right)^2 dx \tag{4.17}$$

在筒形件充液热拉深的 j 阶段，环形单元 i 处的切向应力为 σ_θ，σ_θ 的作用面积为 tdR，将式（4.14）及关系式 $x = R\phi$ 代入式（4.17），此处的单波缩短量为

$$S' = \frac{1}{2} \int_0^{\phi_0} \frac{\pi^2 y_0^2}{\phi_0^2} \cdot \frac{1}{R} \cdot \frac{R - r_i}{R_t - r_i} \cdot \sin^2 \frac{2\pi\phi}{\phi_0} d\phi \tag{4.18}$$

因此，在一个单波内，由于投影长度缩短，切向应力 σ_θ 释放出能量的表达式为

$$U_\theta = \int_{r_i}^{R_t} \sigma_\theta S' t dR \tag{4.19}$$

（2）弯曲功 U_w。由材料力学可知，受压板条发生弹性弯曲时的能量公式为

$$U_w = \int_0^l \frac{M^2}{2EI} dx = \int_0^l \frac{EI}{2}\left(\frac{d^2 y}{dx^2}\right) dx \tag{4.20}$$

在充液热拉深时，法兰受到压边力的作用，起皱发生时的波纹挠度不大，皱纹凸面未产生局部卸载，可以认为失稳发生在塑性变形阶段，分析计算中可将弹性弯曲能量公式中的弹性模数 E 换作切线模数 D，用于分析塑性失稳问题。根据分段拟合的应力应变关系式，则 D 为

$$D = \frac{d\bar{\sigma}}{d\varepsilon_\theta} = \begin{cases} K_1 n_1 \varepsilon_\theta^{n-1} \\ K_2 n_2 \varepsilon_\theta^{n-1} \end{cases} \tag{4.21}$$

以 D 代替式（4.20）中的 E，可得法兰失稳起皱时单波所需的弯曲功为

$$U_w = \int_{r_i}^{R_t} \int_0^l \frac{1}{2} D \left(\frac{d^2 y}{dx^2} \right)^2 dI dx \tag{4.22}$$

式中：dI 为环形单元 i 处，厚度 t 宽度 dR 剖面的惯性矩，$dI = \frac{1}{12} t^3 dR$。

(3) 压边力消耗能量 U_Q。在本节的分析中，由法兰内缘对板材的约束所产生的抑制起皱的影响可忽略不计。假定波纹总数为 N_w，$N_w = \frac{2\pi}{\phi_0}$，由于在充液热拉深的每一时刻，法兰外缘的坯料增厚最为严重，导致法兰外缘 $R=R_t$ 处的板料成为压边力的主要承载区，此处的波纹最高，等于波形函数的幅值 y_0，因此压边力在单波所消耗的能量 U_Q 可表示为

$$U_Q = \frac{y_0 \phi_0 Q}{2\pi} \tag{4.23}$$

(4) 溢流压力做功 U_P。在充液热拉深工艺中，液室内液体以溢流方式填充至法兰下表面与凹模的间隙，从而形成润滑油膜，起到溢流润滑作用，有利于法兰处材料流动，进而提高成形性。同时，溢流压力的存在也对法兰失稳起皱有影响，因此，在充液热拉深中，需要计入法兰下表面的溢流压力做功，即

$$U_P = \int_0^{\phi_0} \int_{r_i}^{R_t} P y R d\phi dR \tag{4.24}$$

4. 临界压边力计算

根据 3.2.2 节关系式可计算得到 t、σ_θ、σ_r，将其代入能量表达式（4.12）中，可以解得不同拉深时刻的压边力 Q，此时将 Q 与初始假设压边力 Q_0 进行比较，并代入以下误差表达式。

$$\frac{\sum_{R=r}^{R_t} |Q - Q_0|}{\sum_{R=r}^{R_t} Q_0} \leqslant 1.0 E^{-4} \tag{4.25}$$

若满足式（4.25），则可得到抑制法兰起皱的最小压边力；否则，需要重新计算 t、σ_θ、σ_r 及 Q，直到满足误差为止。

4.2 理论预测结果分析

4.2.1 筒形件充液热拉深试验

1. 试验条件

为验证上述方法的适用性,作者进行了 AA7075-O 铝合金板材的筒形件成形试验,包括普通拉深、常温充液拉深和充液热拉深。筒形件充液热拉伸模具尺寸及试验工装如图 4-7 所示,验证工作在作者团队自主开发的 YRJ-50 充液成形机上进行。

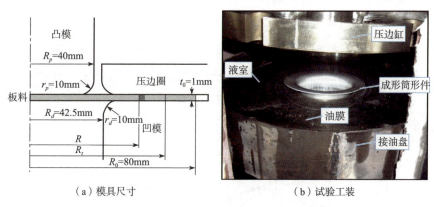

(a)模具尺寸　　　　　　　　(b)试验工装

图 4-7　筒形件充液热拉深模具尺寸及试验工装

由于充液热拉深是在温热条件下（150~300℃）进行的,成形温度和应变率对成形所用材料的应力-应变曲线的影响将不可忽略。因此,应确定法兰区域在整个拉深过程中的应变率变化范围,将相应条件下的应力-应变曲线代入理论计算中,与试验结果进行对比分析。

在法兰区域,任意点的等效应变 $\bar{\varepsilon}$ 可由切向应变 ε_θ 近似代替,为简化推导过程,假设切向应变 ε_θ 与该点的半径成反比关系,即

$$\bar{\varepsilon} \approx \varepsilon_\theta = \frac{R_t}{R}\left(1 - \frac{R_t}{R_0}\right) \tag{4.26}$$

通过式(4.26)计算得到法兰区域内、外缘的切向应变 $(\varepsilon_\theta)_r$ 和 $(\varepsilon_\theta)_{R_t}$,则该拉深时刻的法兰平均切向应变 $\bar{\varepsilon}_\theta$ 可表示为

$$\bar{\varepsilon}_\theta = \frac{1}{2}[(\varepsilon_\theta)_{R_t} + (\varepsilon_\theta)_r] = \left(1+\frac{R_t}{r}\right)\left(1-\frac{R_t}{R_0}\right) \qquad (4.27)$$

根据拉深过程中板材面积不变假设，可推得法兰外缘实时半径与凸模行程之间的关系为

$$R_t = \sqrt{R_0^2 - 2R_p h} \qquad (4.28)$$

将式（4.28）代入式（4.27）中，并对式（4.27）两侧对时间求导数，有

$$\dot{\bar{\varepsilon}}_\theta = \frac{R_p v_p}{\sqrt{R_0^2 - 2R_p h}}\left[\frac{1}{r}\left(1-\frac{\sqrt{R_0^2-2R_p h}}{R_0}\right) - \frac{1}{R_0}\left(1+\frac{\sqrt{R_0^2-2R_p h}}{r}\right)\right] \qquad (4.29)$$

式中：$\dot{\bar{\varepsilon}}_\theta$ 为法兰区域平均切向应变率；v_p 为凸模拉深速度。在板料初始半径 $R_0 = 80\text{mm}$、凹模内缘半径 $r = 42.5\text{mm}$ 时，由式（4.29）计算不同拉深速度 v_p 下的平均切向应变率 $\dot{\bar{\varepsilon}}_\theta$ 随凸模行程的变化曲线，如图 4-8 所示。从图 4-8 中可以看到，当拉深速度恒定时，随着凸模下行，平均切向应变率呈单调递减；随着拉深速度的增加，平均切向应变率相应增大，同时拉深前后的平均切向应变率差值也变大。

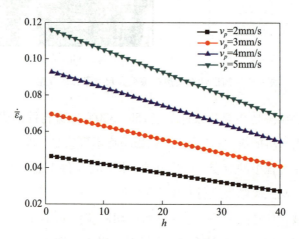

图 4-8　不同拉深速度下的平均切向应变率随凸模行程的变化曲线

考虑到 YRJ-50 充液成形机调节液室压力的控制精度，本节选择拉深速度 $v_p = 2\text{mm/s}$ 进行筒形件拉深。为比较成形温度和应变率的不同对法兰区域起皱失稳预测精度的影响，进行了 AA7075-O 铝合金板材的单向拉伸试验以获取成

形温度 $T=20℃$、$210℃$ 和应变率 $\dot{\varepsilon}=0.00055\mathrm{s}^{-1}$、$0.0055\mathrm{s}^{-1}$、$0.055\mathrm{s}^{-1}$ 时的真实应力-真实应变曲线，同时对试验数据点进行了分段拟合，得到的拟合参数将用于后续的理论计算。如图4-9所示，在不同成形温度和应变率的情况下，拟合曲线与实验数据点之间的误差均很小，且外插延伸部分能较好地反应试验数据点的变化趋势。

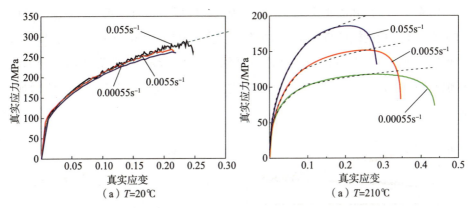

图4-9 不同成形温度和应变率下的真实应力-真实应变曲线

（虚线：拟合曲线；实线：试验数据）

2. 应力应变分布验证

为了有效地预测抑制法兰起皱的临界压边力大小，应提前得到法兰区域的应力应变分布情况。对于3.2节提出的基于增量理论的解析模型，采用有限元仿真拉深成形过程，与其进行对比分析并加以验证。仿真中使用的模具尺寸与图4-10（a）所示相同，理论计算与有限元中的摩擦系数均设为0.1，

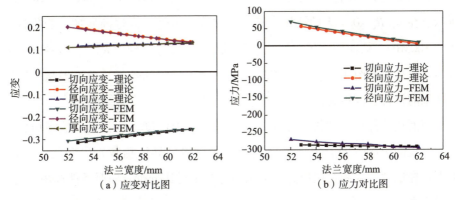

图4-10 理论模型与有限元结果对比（1）（$20℃$、$R_t/R_0=0.775$）

材料参数选用20℃的应力-应变曲线。成形过程为普通拉深，以避免液室压力分布假设带来的影响。验证指标为应变（切向应变、径向应变、厚向应变）和应力（切向应力、径向应力）。在拉深时刻$R_t/R_0=0.775$和$R_t/R_0=0.875$，采用Mises屈服准则计算的理论模型与有限元结果的对比情况分别如图4-10和图4-11所示。

图4-10（a）和图4-11（a）所示为法兰区域的切向应变、径向应变及厚向应变分布，理论模型与有限元结果符合度高。从图4-10（a）和图4-11（a）中可以看到，在某拉深时刻，从法兰外缘到内缘，径向应变和切向应变的绝对值在增加，厚向应变略有减小。随着法兰宽度的减小，变形程度相应增加，使得各应变的绝对值增大。

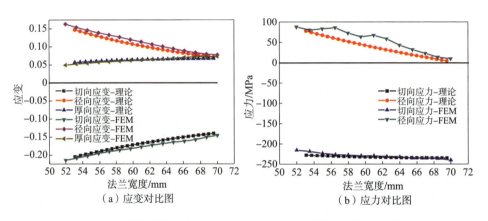

（a）应变对比图　　　　　　　　（b）应力对比图

图4-11　理论模型与有限元结果对比（2）（20℃、$R_t/R_0=0.875$）

径向应力和切向应力的分布及变化情况如图4-10（b）和图4-10（b）所示。在$R_t/R_0=0.775$的拉深时刻，径向应力由外向内逐渐增加，变化幅度达到100MPa，切向应力绝对值减小且不明显。拉深时刻为$R_t/R_0=0.875$时的应力变化趋势与图4-10（b）相同，而且随着拉深的进行，理论模型与有限元结果的符合程度更高。

充液热拉深与普通拉深相比，需要考虑成形温度、应变率及液室压力对成形过程的影响，同时成形温度会导致板材厚向异性指数发生变化。因此，以下选择法兰厚度和径向应力作为指标进行了对比分析，屈服条件选用Hill48屈服准则。

经计算,厚向异性指数对法兰厚度与径向应力的影响如图 4-12 所示。由图 4-12(a)可知,随着厚向异性指数的减小,法兰处的板材厚度增加,说明更容易发生厚向变形。图 4-12(b)所示为厚向异性指数对径向应力的影响。从图 4-12(b)中可以看到,不同厚向异性指数下的径向应力变化不大。

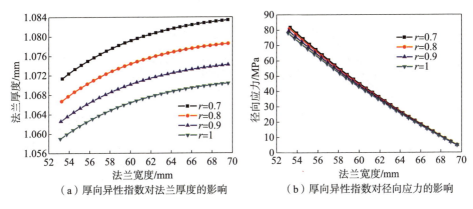

(a)厚向异性指数对法兰厚度的影响　　(b)厚向异性指数对径向应力的影响

图 4-12　厚向异性指数对法兰厚度与径向应力的影响($T=210℃$、$R_t/R_0=0.875$)

在拉深过程中,不同的拉深速度可导致法兰区域各点的变形速率不同,从而影响材料的应力-应变曲线。不同应变率对法兰厚度与径向应力的影响如图 4-13 所示。随着应变率的增加,法兰处的板材厚度增厚严重[图 4-13(a)],径向应力也得到提高[图 4-13(b)]。

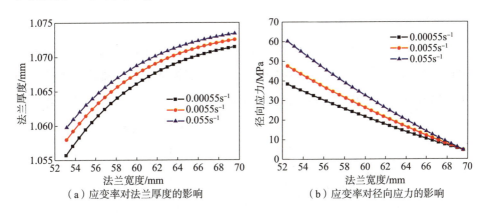

(a)应变率对法兰厚度的影响　　(b)应变率对径向应力的影响

图 4-13　应变率对法兰厚度与径向应力的影响($T=210℃$、$R_t/R_0=0.875$)

充液热拉深通过液室压力的溢流润滑作用,使得法兰处的应力应变分布与普通拉深不同。图 4-14（a）所示为液室压力对法兰厚度的影响。在法兰外缘，法兰厚度没有发生变化，越靠近凹模圆角，较大的液室压力会降低板料的增厚趋势，使得法兰区域的厚度差变大。从图 4-14（b）中可以看到，随着液室压力的增大，径向应力也在增大。

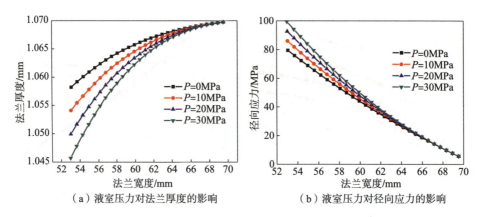

（a）液室压力对法兰厚度的影响　　（b）液室压力对径向应力的影响

图 4-14　液室压力对法兰厚度与径向应力的影响（$T=210℃$、$R_t/R_0=0.875$）

通过以上分析可知，在温热条件下，应变率和液室压力是影响法兰处应力应变分布的主要因素，虽然厚向异性指数的变化对法兰厚度的影响明显，但由于相同成形温度下的厚向异性指数不会改变，因此可由实验测定后作为固定参数代入理论模型即可。

3. 最小压边力验证

在充液热拉深过程中，液室压力能否产生溢流对零件的成形起着重要影响，因此需要计算得到产生溢流的临界液室压力。凹模圆角处溢流状态示意图如图 4-15 所示。该区域的板料在液室压力的支撑下，与模具脱离而处于悬空状态，从而使液室压力在此处溢出，对法兰区域板料的流动起着溢流润滑作用。

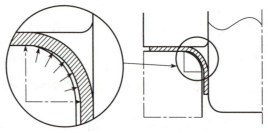

图 4-15　凹模圆角处溢流状态示意图

此时,液室压力可由拉深方向上力的平衡方程得到,靠近筒壁处的径向应力可分为3个部分:法兰内缘的最大径向应力 σ_r^{max}、板料流过凹模圆角时产生的弯曲抗力 σ_ω 及凹模圆角处的径向摩擦力 σ_μ。其中,法兰内缘的最大径向应力 σ_r^{max} 可通过3.2.2节的理论模型得到,首先计算各拉深时刻法兰区域的最大径向应力,再进行比较确定整个拉深过程中的 σ_r^{max},在20℃和210℃下,拉深过程中最大径向应力变化曲线如图4-16所示。

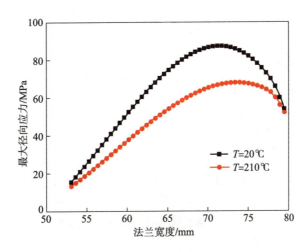

图4-16 拉深过程中最大径向应力-变化曲线

从图4-16中可以看到,最大径向应力在拉深前期很快达到峰值,然后逐渐减小,而且两种成形温度条件下,最大径向应力在拉深前后差别不明显,峰值出现时刻均为 $R_t/R_0=0.8\sim0.9$。

对于弯曲抗力 σ_ω 和径向摩擦力 σ_μ,可近似表达为

$$\sigma_\omega = \frac{\sigma_b}{2\dfrac{r_d}{t}+1}, \quad \sigma_\mu = \sigma_r^{max} e^{\mu\alpha} \tag{4.30}$$

式中:σ_b 为材料的抗拉强度,通过单向拉伸试验即可确定;α 为板料绕凹模圆角的弯曲包角,临界状态下 $\alpha=\pi/2$。在20℃和210℃下,由式(4.30)可计算处临界液室压力分别为10.5MPa和8.2MPa。在以下理论计算和试验过程中,设定两种成形温度下的最大液室压力为12MPa和10MPa。

对于液室压力的建立过程,影响最小压边力预测的精度。首先,通过充液

热拉深得到实际工况下的液室压力-拉深深度变化曲线,如图4-17所示。在拉深深度为$h=25\text{mm}$时,液室压力达到12MPa,此后的液室压力和拉深缸内压力的浮动均很小,可认定溢流平衡状态在$h=25\text{mm}$发生。本节参考实际的液室压力建立过程,在理论计算中,达到溢流平衡状态的拉深深度由下式近似确定。

$$h = r_d + r_p + (5\text{mm} + 10\text{mm}) \tag{4.31}$$

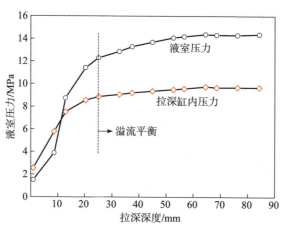

图4-17 液室压力-拉深深度变化曲线

在溢流状态下,法兰区域的溢流压力分布假定为线性分布,由凹模圆角处的液室压力降至法兰外缘的零。通过以上理论分析,分别计算得到成形温度为20℃($P=0\text{MPa}$、12MPa)和210℃($P=0\text{MPa}$、10MPa)时的最小压边力-法兰宽度变化曲线,如图4-18所示。

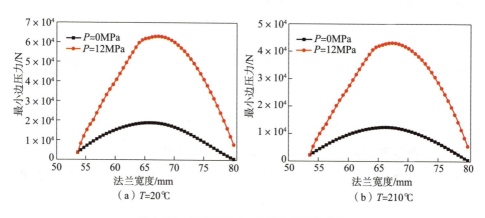

图4-18 最小压边力-法兰宽度变化曲线

在试验过程中，分成两个阶段进行，且每个阶段的压边力始终为常数。在第一阶段，设定拉深深度 $h=25mm$ 时停止拉深，得到不同压边力下的成形零件和使零件法兰不起皱的最小压边力。在第二阶段，在最小恒定压边力下拉深至 $h=25mm$，此时手动调节溢流阀来改变拉深过程中的压边力，至法兰起皱为止。

首先，进行了筒形件普通拉深，成形零件如图 4-19 所示。在第一阶段，当压边力为 1.3t 时，零件法兰发生起皱，当压边力为 1.8t 时，得到的零件表面光滑。预测最小压边力峰值为 1.7t，在 1.3~1.8t 范围内，验证了最小压边力-拉深深度变化曲线的上升段。在第二阶段，分别设置压边力为 1.8t 和 1.3t，零件在拉深后期产生了法兰起皱现象，验证了最小压边力-拉深深度变化曲线的下降段。

（a）压边力1.3t　　　　　（b）压边力1.8t　　　　　（c）压边力1.8t和1.3t

图 4-19　不同压边力下的普通拉深筒形件

图 4-20 所示为不同压边力下常温充液拉深的筒形件。设定最高液室压力为 12MPa，加载曲线为线性上升。在第一阶段，当压边力为 5t 时，零件法兰起皱，当压边力为 7t 时，拉深得到的零件表面光滑。预测最小压边力峰值为 6.3t，在二者之间，验证了最小压边力-拉深深度变化曲线的上升段。在第二

（a）压边力5t　　　　　（b）压边力7t　　　　　（c）压边力7t和5t

图 4-20　不同压边力下的常温充液拉深筒形件

阶段，分别设置压边力为 7t 和 5t，零件在拉深后期产生了法兰起皱现象，验证了最小压边力-拉深深度变化曲线的下降段。

在筒形件充液热拉深时，线性加载液室压力至 10MPa，不同压边力下的充液热拉深筒形件如图 4-21 所示。在第一阶段，当压边力为 3.5t 和 4.5t 时，分别得到起皱零件和无缺陷零件。预测最小压边力峰值为 4.4t，验证了最小压边力-拉深深度变化曲线的上升段。在第二阶段，分别设置压边力为 4.5t 和 3.5t，零件在拉深后期产生了法兰起皱现象，验证了最小压边力-拉深深度变化曲线的下降段。

（a）压边力3.5t　　　　　（b）压边力4.5t　　　　　（c）压边力4.5t和3.5t

图 4-21　不同压边力下的充液热拉深筒形件

4.2.2　法兰起皱影响因素分析

在充液热拉深过程中，影响最小压边力的因素有很多，以下仅针对屈服准则、板材厚度、拉深速度和坯料尺寸 4 个方面，进行了成形温度 210℃、最大液室压力 10MPa 条件下的最小压边力的预测与分析。

1. 屈服准则对最小压边力的影响

图 4-22 所示为不同屈服准则对最小压边力的影响。图中曲线分别为 Mises、Hill48、Barlat89 三种屈服准则在厚向异性指数 $r=0.9$ 时的最小压边力和 Barlat89 屈服准则在厚向异性指数 $r=0.6$ 时的最小压边力。从图 4-22 中可得出结论，屈服准则对最小压边力的预测影响不明显，可以忽略；厚向异性指数对拉深过程中的最小压边力也较小。因此，在理论分析中，选择任意屈服准则即可满足要求。

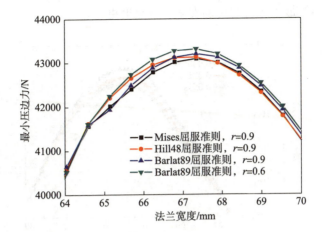

图 4-22 不同屈服准则对最小压边力的影响

2. 板材厚度对最小压边力的影响

图 4-23 所示为不同板材厚度对最小压边力的影响。此处的模具尺寸不变,故改变板材厚度即不同的厚径比。由此可知,增大板材厚径比,可降低抑制法兰起皱的最小压边力值。

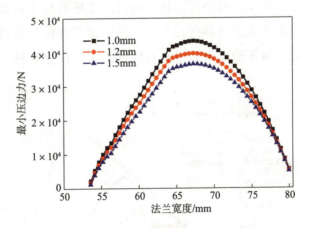

图 4-23 不同板材厚度对最小压边力的影响

3. 拉深速度对最小压边力的影响

拉深速度对最小压边力的影响,可通过将拉深深度转换为相应的应变率进行分析。图 4-24 所示为不同应变率对最小压边力的影响。在低应变率下,最小压边力也相应减小,但降低幅度不大。由此可知,在拉深过程中,使用高应变率得到的最小压边力更加安全，可靠度更高。

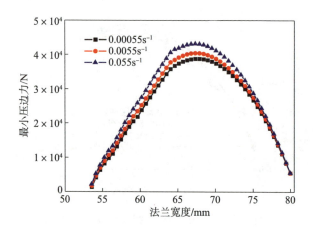

图 4-24　不同应变率对最小压边力的影响

4. 坯料尺寸对最小压边力的影响

图 4-25 所示为不同坯料尺寸对最小压边力的影响。在厚度不变的情况下，改变坯料尺寸即改变板材厚径比，但通过对比图 4-23 和图 4-25 可知，相同厚径比下，与改变板材厚度相比，通过改变坯料尺寸对最小压边力的影响更显著，说明在充液热拉深过程中，厚径比只能作为预测最小压边力变化趋势的参数，而不能定量确定板材厚度和坯料尺寸两种方式下所产生的影响。

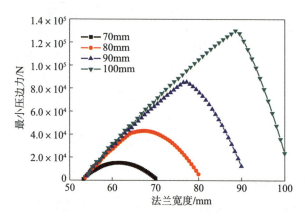

图 4-25　不同坯料尺寸对最小压边力的影响

4.3 回转薄壁件充液热拉深解析模型

4.3.1 假设条件

在回转薄壁件充液热拉深过程中，悬空区失稳包括破裂和起皱，为研究液室压力与二者之间的关系，特做以下假设以简化计算。

（1）板材面内同性，仅考虑厚向异性。

（2）厚度法向应力远小于面内应力，可忽略不计。

（3）忽略弯曲和反弯曲效应对板材变形的影响，仅计入其对径向应力的影响。

（4）自由变形区域的截面形状为圆弧。

4.3.2 几何模型

以圆锥形件充液热拉深为例，可将某成形时刻的板材划分为4个变形区域：法兰区域、压边圈圆角区域、自由变形区域、凸模接触区域。

图4-26所示为圆锥形件充液热拉深示意图。以原始圆形板材的轴对称中心为原点建立平面直角坐标系 xOy，竖直向上为 y 轴正向，水平向右为 x 轴正向。在凸模下行深度为 h 时，凸模侧壁的截面线方程可表示为

$$y = x\tan\beta_1 - h - R_4\tan\beta_1 \tag{4.32}$$

则自由变形区域与凸模侧壁的相切点坐标 (x_1, y_1) 为

$$(x_1, y_1) = (R_3, R_3\tan\beta_1 - h - R_4\tan\beta_1) \tag{4.33}$$

设自由变形区域圆弧所在圆的圆心坐标为 (x_c, y_c)，圆的方程为

$$(x - x_c)^2 + (y - y_c)^2 = \rho_c^2 \tag{4.34}$$

压边圈圆角和凹模圆角所在圆的方程可分别表示为

$$(x - x_b)^2 + (y - y_b)^2 = r_b^2 \tag{4.35}$$

$$(x - x_d)^2 + (y - y_d)^2 = r_d^2 \tag{4.36}$$

式中：$(x_b, y_b) = (R_b + r_b, r_b)$，$(x_d, y_d) = (R_d + r_d, r_d)$，$R_d$ 为凹模内径，r_d 为凹模圆角半径。根据圆弧半径 ρ_c 值的不同，有自由变形区与压边圈圆角相切

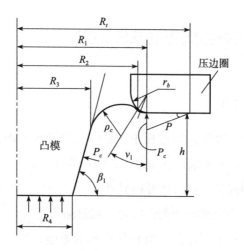

图 4-26 圆锥形件充液热拉深示意图

（情况 1）和自由变形区与凹模圆角相切（情况 2）两种情况，相切点可由式（4.34）与式（4.35）、式（4.36）分别联立方程组得到，并设为（x_{2-1}, y_{2-1}）、（x_{2-2}, y_{2-2}）。

凸模接触区的板材面积 S_1 为

$$S_1 = \pi R_4^2 + \frac{\pi(R_3^2 - R_4^2)}{\cos\beta_1} \tag{4.37}$$

自由变形区的板材面积 S_2 为

$$S_{2-1} = 2\pi \int_{y_1}^{y_c+\rho} \left\{ \left[x_c + \sqrt{\rho_c^2 - (y-y_c)^2} \right] \cdot \sqrt{1 + \frac{(y-y_c)^2}{\rho_c^2 - (y-y_c)^2}} \right\} dy +$$

$$2\pi \int_{y_{2-1}}^{y_c+\rho} \left\{ \left[x_c + \sqrt{\rho_c^2 - (y-y_c)^2} \right] \cdot \sqrt{1 + \frac{(y-y_c)^2}{\rho_c^2 - (y-y_c)^2}} \right\} dy \tag{4.38a}$$

$$S_{2-2} = 2\pi \int_{y_1}^{y_{2-2}} \left\{ \left[x_c + \sqrt{\rho_c^2 - (y-y_c)^2} \right] \cdot \sqrt{1 + \frac{(y-y_c)^2}{\rho_c^2 - (y-y_c)^2}} \right\} dy \tag{4.38b}$$

压边圈圆角区的板材面积 S_3 为

$$S_{3-1} = 2\pi \int_{0}^{y_{2-1}} \left\{ \left[x_b + \sqrt{r_b^2 - (y-y_b)^2} \right] \cdot \sqrt{1 + \frac{(y-y_b)^2}{r_b^2 - (y-y_b)^2}} \right\} \mathrm{d}y$$

(4.39a)

$$S_{3-2} = 2\pi \int_{y_{2-2}}^{0} \left\{ \left[x_d + \sqrt{r_d^2 - (y-y_d)^2} \right] \cdot \sqrt{1 + \frac{(y-y_d)^2}{r_d^2 - (y-y_d)^2}} \right\} \mathrm{d}y$$

(4.39b)

法兰区域的板材面积 S_4 为

$$S_{4-1} = \pi R_t^2 - \pi (R_b + r_b)^2 \quad (4.40\mathrm{a})$$

$$S_{4-2} = \pi R_t^2 - \pi (R_d + r_d)^2 \quad (4.40\mathrm{b})$$

在式（4.38a）~式（4.40b）及以下各式中，a 表示情况 1，b 表示情况 2。

4.3.3 应力模型

基于厚度不变假设，板材面积在变形前后相等，有

$$\pi R_0^2 = S_1 + S_2 + S_3 + S_4 \quad (4.41)$$

则法兰实时外径 R_t 可表示为

$$R_t = \sqrt{\frac{\pi R_0^2 - S_1 - S_2 - S_3 + \pi (R_b + r_b)^2}{\pi}} \quad (4.42\mathrm{a})$$

$$R_t = \sqrt{\frac{\pi R_0^2 - S_1 - S_2 - S_3 + \pi (R_d + r_d)^2}{\pi}} \quad (4.42\mathrm{b})$$

图 4-27 所示为各变形区域应力示意图。在法兰区域 [图 4-27（a）]，设压边力为 Q，且全部作用在法兰外侧，法兰区域的溢流压力沿径向成线性分布为

$$P = P_c \left(\frac{R_t - R}{R_t - x_d} \right) \quad (4.43)$$

则该处沿径向的微分平衡方程为

$$\sigma_r \mathrm{d}R + R \mathrm{d}\sigma_r - \sigma_\theta \mathrm{d}R + \frac{\mu P R}{t} \mathrm{d}R = 0 \quad (4.44)$$

式中：μ 为板材与压边圈之间的摩擦系数。在压边圈圆角区的情况 1 中，板材

一侧受到液室压力 P_c 的作用，另一侧与压边圈圆角相接触，如图 4-27（b）所示。沿 T 向的微分平衡方程为

$$\mathrm{d}\varPhi\left(\sigma_r\mathrm{d}R+R\mathrm{d}\sigma_r+\frac{\mu P_c R}{t\cos\theta_{1-1}}\mathrm{d}R\right)-\frac{\sigma_\theta\sin(\mathrm{d}\varPhi\cos\theta_{1-1})}{\cos\theta_{1-1}}\mathrm{d}R=0 \quad (4.45\mathrm{a})$$

式中：P_c 为液室压力。在情况 2 中，板材两侧均无摩擦力作用，得到微分平衡方程为

$$\mathrm{d}\varPhi(\sigma_r\mathrm{d}R+R\mathrm{d}\sigma_r)-\frac{\sigma_\theta\sin(\mathrm{d}\varPhi\cos\theta_{1-2})}{\cos\theta_{1-2}}\mathrm{d}R=0 \quad (4.45\mathrm{b})$$

在自由变形区域 [图 4-27（c）]，板材在液室压力的作用下呈圆弧状，由 T 向应力平衡得到微分平衡方程为

$$\mathrm{d}\varPhi(\sigma_r\mathrm{d}R+R\mathrm{d}\sigma_r)-\frac{\sigma_\theta\sin(\mathrm{d}\varPhi\cos\theta_2)}{\cos\theta_2}\mathrm{d}R=0 \quad (4.46)$$

在凸模接触区域 [图 4-27（d）]，沿凸模侧壁切向的微分平衡方程为

$$\mathrm{d}\varPhi\left(\sigma_r\mathrm{d}R+R\mathrm{d}\sigma_r-\frac{\mu P_c R}{t\cos\beta_1}\mathrm{d}R\right)-\frac{\sigma_\theta\sin(\mathrm{d}\varPhi\cos\beta_1)}{\cos\beta_1}\mathrm{d}R=0 \quad (4.47)$$

在式（4.45）～式（4.47）中，θ_{1-1}、θ_{1-2}、θ_2、β_1 为各变形区域内板材上截面形状的切线方向与 x 轴正向的夹角。

为考虑板材厚向异性，屈服条件选择 Hill48 屈服准则

$$f=\sqrt{\frac{r(\sigma_1-\sigma_2)^2+(\sigma_2-\sigma_3)^2+(\sigma_3-\sigma_1)^2}{1+r}}-\bar{\sigma} \quad (4.48)$$

式中：r 为厚向异性指数。根据塑性流动法向性原则

$$\mathrm{d}\varepsilon_3=\frac{\partial f}{\partial \sigma_3}\mathrm{d}\lambda \quad (4.49)$$

式中：$\mathrm{d}\lambda$ 为比例系数。假设板材厚度无变化，处于平面应变状态，即 $\mathrm{d}\varepsilon_3=0$，则有

$$\sigma_3=\frac{\sigma_1+\sigma_2}{2} \quad (4.50)$$

将式（4.50）代入式（4.48）中，Hill48 屈服准则可简化为

$$\sigma_1-\sigma_2=\sqrt{\frac{2(1+r)}{1+2r}}\bar{\sigma} \quad (4.51)$$

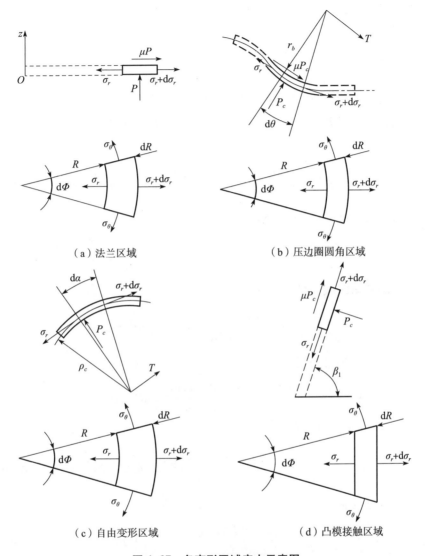

(a)法兰区域　　(b)压边圈圆角区域

(c)自由变形区域　　(d)凸模接触区域

图 4-27　各变形区域应力示意图

在充液热拉深过程中，板材上任意半径 R 处的径向应变 ε_r 和切向应变 ε_θ 为

$$\varepsilon_r = -\varepsilon_\theta = \ln \frac{R_w}{R} \tag{4.52}$$

式中：R_w 为板材上与 R 对应的初始半径，该值可由凸模下行深度 h 及自由变形区的曲率半径 ρ_c 确定。

材料的本构方程仍然采用分段形式

$$\sigma = K\varepsilon^n = \begin{cases} K_1\varepsilon^{n_1} & (\varepsilon < 0.1) \\ K_2\varepsilon^{n_2} & (\varepsilon \geq 0.1) \end{cases} \quad (4.53)$$

根据式（4.44）~式（4.47）的微分平衡方程，结合各变形区域的应力应变连续条件及边界条件，以积分形式表示的径向应力如下。

法兰区域：

$$\sigma_r^{(1)} = \int_R^{R_t} \frac{\sigma_r - \sigma_\theta}{R} \mathrm{d}R + \int_R^{R_t} \frac{\mu P}{t} \mathrm{d}R + \sigma_r(R_t) \quad (4.54)$$

压边圈圆角区域（情况1）：

$$\sigma_r^{(2-1)} = \int_R^{x_b} \left(\frac{\sigma_r}{R} - \frac{\sigma_\theta \sin(\mathrm{d}\Phi\cos\theta_{1-1})}{R\mathrm{d}\Phi\cos\theta_{1-1}} + \frac{\mu P_c}{t\cos\theta_{1-1}} \right) \mathrm{d}R + \sigma_r(x_b) \quad (4.55\mathrm{a})$$

压边圈圆角区域（情况2）：

$$\sigma_r^{(2-2)} = \int_R^{x_d} \left(\frac{\sigma_r}{R} - \frac{\sigma_\theta \sin(\mathrm{d}\Phi\cos\theta_{1-2})}{R\mathrm{d}\Phi\cos\theta_{1-2}} \right) \mathrm{d}R + \sigma_r(x_d) \quad (4.55\mathrm{b})$$

自由变形区域（情况1）：

$$\sigma_r^{(3-1)} = \int_R^{x_{2-1}} \left(\frac{\sigma_r}{R} - \frac{\sigma_\theta \sin(\mathrm{d}\Phi\cos\theta_2)}{R\mathrm{d}\Phi\cos\theta_2} \right) \mathrm{d}R + \sigma_r(x_{2-1}) \quad (4.56\mathrm{a})$$

自由变形区域（情况2）：

$$\sigma_r^{(3-2)} = \int_R^{x_{2-2}} \left(\frac{\sigma_r}{R} - \frac{\sigma_\theta \sin(\mathrm{d}\Phi\cos\theta_2)}{R\mathrm{d}\Phi\cos\theta_2} \right) \mathrm{d}R + \sigma_r(x_{2-2}) \quad (4.56\mathrm{b})$$

凸模接触区域：

$$\sigma_r^{(4)} = \int_R^{x_1} \left(\frac{\sigma_r}{R} - \frac{\sigma_\theta \sin(\mathrm{d}\Phi\cos\beta_1)}{R\mathrm{d}\Phi\cos\beta_1} - \frac{\mu P_c}{t\cos\beta_1} \right) \mathrm{d}R + \sigma_r(x_1) \quad (4.57)$$

在式（4.54）~式（4.57）中，$\sigma_r(R_t) = \dfrac{\mu Q}{2\pi t R_t}$为法兰区域外缘径向应力；$\sigma_r(x_b)$为压边圈圆角区域（情况1）外缘径向应力；$\sigma_r(x_d)$为压边圈圆角区域（情况2）外缘径向应力；$\sigma_r(x_{2-1})$为自由变形区域（情况1）外缘径向应力；$\sigma_r(x_{2-2})$为自由变形区域（情况2）外缘径向应力；$\sigma_r(x_1)$为凸模接触区域外缘径向应力。

在自由变形区域，由拉深方向的受力平衡条件可得到液室压力P_c。

情况 1：

$$P_c^{(1)} = \frac{2t(\sigma_r(x_1)x_1\sin\beta_1 + \sigma_r(x_{2-1})x_{2-1}\sin\theta_b)}{x_{2-1}^2 - x_1^2} \quad (4.58a)$$

情况 2：

$$P_c^{(2)} = \frac{2t(\sigma_r(x_1)x_1\sin\beta_1 + \sigma_r(x_{2-2})x_{2-2}\sin\theta_d)}{x_{2-2}^2 - x_1^2} \quad (4.58b)$$

式中：θ_b 为情况 1 中相切点的切线方向与 x 轴正向的夹角；θ_d 为情况 2 中相切点的切线方向与 x 轴正向的夹角。在凸模下行深度 h 及曲率半径 ρ_c 确定的情况下，可以求得上述出现的所有未知的几何变量和应力应变值。

4.4 / 悬空区失稳临界条件

4.4.1 破裂失稳临界条件

在充液热拉深过程中，过高的液室压力会导致板材破裂，发生位置包括：凸模侧壁与自由变形区相切处；凸模圆角与侧壁相切处。两种破裂的判定依据采用由 DFC-MK 推导的成形极限图（FLD）转换得到的成形极限应力图（FLSD），第一主应力的极限值设为 σ_1^*，有

情况 1：

$$\sigma_r^{(3-1)}(x_1) \geqslant \sigma_1^* \quad \text{或} \quad \sigma_r^{(4)}(R_4) \geqslant \sigma_1^* \quad (4.59a)$$

情况 2：

$$\sigma_r^{(3-2)}(x_1) \geqslant \sigma_1^* \quad \text{或} \quad \sigma_r^{(4)}(R_4) \geqslant \sigma_1^* \quad (4.59b)$$

根据以上分析计算，通过 MATLAB 编程得到圆锥形件充液热拉深过程中的应力应变值，确定避免板材破裂的上限液室压力随凸模下行深度的变化曲线，具体流程如下。

（1）给定一系列凸模下行深度 h。

（2）在每一凸模下行深度 h 处，对自由变形区域的曲率半径 ρ_c 给定一系列值，所给值的上下限范围满足自由变形区域与压边圈圆角或凹模圆角相切条件。

（3）在某曲率半径 ρ_c 下，由式（4.32）~式（4.36）计算各变形区域的

相切点坐标值,式(4.42)计算法兰实时外径R_t。

(4) 由式(4.52)计算任意半径R处的径向应变ε_r和切向应变ε_θ。

(5) 由式(4.54)~式(4.57)计算任意半径R处的径向应力σ_r。

(6) 由式(4.58)计算液室压力p_c,根据式(4.28)判断板材是否破裂。

(7) 重新指定曲率半径ρ_c,完成步骤(3)~(6)计算过程,确定上限液室压力。

(8) 选择下一个凸模下行深度h,重复步骤(2)~(7)计算过程,确定上限液室压力随凸模下行深度的变化曲线。

4.4.2 起皱失稳临界条件

在圆锥形件充液热拉深过程中,自由变形区域的板材一侧为自由状态,另一侧受到液室压力的支撑作用,由于切向压应力的存在,容易发生起皱失稳现象。通过实时调整液室压力,可以保证成形零件的表面质量。本节通过能量法以得到避免自由变形区域起皱的最小液室压力。不同于法兰区域起皱,该区域无压边圈的刚性支撑,截面形状为圆弧,故起皱前后的能量变化包括:①起皱失稳后的弯曲应变能U_w;②面内切向压应力做功U_θ;③面外液室压力做功U_P。抑制起皱失稳的条件应满足以下不等式:

$$U_\theta \leqslant U_w + U_P \qquad (4.60)$$

根据弹塑性受压失稳准则的形式相似性,将材料的弹性模数E替换为折减弹性模数E_0。

$$E_0 = \frac{4EE_t}{(E^{1/2}+E_t^{1/2})^2} \qquad (4.61)$$

式中:$E_t = \dfrac{d\sigma}{d\varepsilon}$为切线模数,表示应力-应变曲线上某应变时刻的切线斜率。自由变形区域在两端相切点处,板材两侧均受到刚性模具和液体压力的夹持作用,等同于周边固支的环形薄壳,因此起皱失稳后的波形函数可设为

$$y = \frac{y_0}{4}\left(1-\cos\left(\frac{2\pi\phi}{\phi_0}\right)\right)\left(1-\cos\left(2\pi\frac{L_R}{L}\right)\right) \qquad (4.62)$$

式中：L 为自由变形区域的截面弧长；L_R 为板材上半径 R 与相切点 x_1 之间的弧长。

起皱失稳后的弯曲应变能 U_w 为

$$U_w = \frac{D}{2}\int_0^L\int_0^\phi \left[\left(\frac{\partial^2 y}{\partial L_R^2}\right)^2 + \left(\frac{1}{R^2}\frac{\partial^2 y}{\partial \phi^2}\right)^2 + 2\nu\frac{\partial^2 y}{\partial L_R^2}\frac{1}{R^2}\frac{\partial^2 y}{\partial \phi^2}\right] R\mathrm{d}L_R\mathrm{d}\phi \quad (4.63)$$

式中：$D = \dfrac{E_0 t^3}{12(1-\nu^2)}$ 为抗弯刚度，ν 为泊松比，根据体积不可压缩性，$\nu = 1/2$。

切向压应力做功 U_θ 表达式为

$$U_\theta = -\frac{1}{2}\int_0^L\int_0^\phi \left[\sigma_r t\left(\frac{\partial y}{\partial L_R}\right)^2 + \sigma_\theta t\left(\frac{1}{R}\frac{\partial y}{\partial \phi}\right)^2\right] R\mathrm{d}L_R\mathrm{d}\phi \quad (4.64)$$

液室压力做功 U_P 为

$$U_P = \int_0^{L_R}\int_0^\phi Py R\mathrm{d}L_R\mathrm{d}\phi \quad (4.65)$$

根据能量法将式（4.63）~式（4.65）代入式（4.60）中，可计算得到抑制起皱的最小液室压力。

将 L、L_R 简化为截面弦长，以情况 1 为例，式（4.62）~式（4.65）中应用解析模型确定悬空区失稳临界条件的前提是，准确计算成形过程中的应力应变分布。为此，建立圆锥形件充液热拉深有限元模型进行验证，如图 4-28 所示。仿真分析采用板材成形模拟专用软件 DYNAFORM，可以在其后处理模块中查看径向应力、切向应力及应变分布，以便与解析模型进行对比。

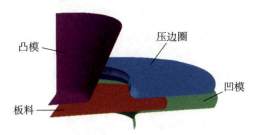

图 4-28　圆锥形件充液热拉深有限元模型

同时，有限元模型与解析模型所用参数均保持一致，其中的相关参数如表 4-1 所示。凸模选用两种尺寸：凸模锥底半径 50mm、凸模半锥角 60°、对应板料半径 140mm；凸模锥底半径 70mm、凸模半锥角 70°、对应板料半径 150mm。

表4-1 有限元模型与解析模型的相关参数

变量	参数	变量	参数
材料	2A16-O	板材厚度	1mm
摩擦系数	0.1	凸模圆角半径	10mm
凹模内半径	100mm	凹模圆角半径	10mm
压边圈内半径	100mm	压边圈圆角半径	10mm

根据本章的变应变路径下 DFC-MK 模型，得到不同成形温度下 2A16-O 铝合金材料的成形极限应力图（FLSD），如图 4-29 所示。为安全起见，在判断悬空区破裂时，以 FLSD 中最低点作为径向应力的极限值 σ_1^*。在 20℃ 时，σ_1^* = 192MPa；在 160℃ 时，σ_1^* = 144MPa；在 210℃ 时，σ_1^* = 110MPa；在 300℃ 时，σ_1^* = 54MPa。

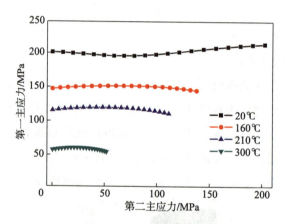

图 4-29 不同成形温度下 2A16-O 铝合金材料的成形极限应力图

首先以圆锥形件普通拉深分别进行有限元和解析计算。由于 DYNAFORM 软件采用动力显示算法，应力结果与拉深速度有关，分析中为兼顾运算效率和准确度，选择拉深速度为 100mm。

在压边力 5t 的情况下，有限元和解析计算的悬空区径向应力对比如图 4-30 所示。从图 4-30 中可以看到，在凸模圆角处，有限元和解析计算的径向应力符合度较高，随着距离中心轴的径向距离增加，二者之间的误差也成增大趋势。结果表明，在预测悬空区破裂的液室压力时，解析模型可以准确预测凸模圆角处破裂，而对于凸模侧壁相切处的破裂预测精度则较低，加入液室压力后,可知其预测值将偏大。

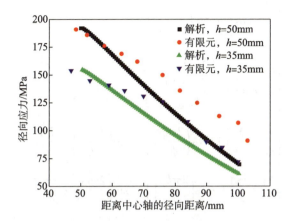

图 4-30 有限元和解析计算的悬空区径向应力对比

在液室压力的作用下,假设条件是悬空区的截面轮廓为圆弧。在此,选用第一种凸模尺寸进行有限元验证,过程中不考虑板料破裂现象,对不同液室压力下的悬空区截面轮廓进行圆弧拟合,形状对比如图 4-31 所示。圆弧可以较准确地描述悬空区的轮廓,误差可以忽略。

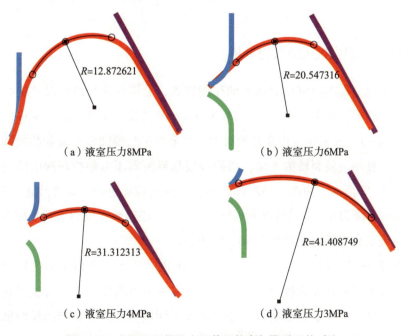

(a) 液室压力 8MPa　　　　(b) 液室压力 6MPa

(c) 液室压力 4MPa　　　　(d) 液室压力 3MPa

图 4-31 有限元所得悬空区截面轮廓与圆弧形状对比

$$\begin{cases} L_R = \dfrac{R-x_1}{\cos\left[\arctan\left(\dfrac{y_{22}-y_1}{x_{22}-x_1}\right)\right]} \\[2ex] L = \dfrac{x_{22}-x_1}{\cos\left[\arctan\left(\dfrac{y_{22}-y_1}{x_{22}-x_1}\right)\right]} \\[2ex] \dfrac{\partial y}{\partial L_R} = \dfrac{y_0}{4}\left[1-\cos\left(\dfrac{2\pi\phi}{\phi_0}\right)\right]\cdot\sin\left(\dfrac{2\pi L_R}{L}\right)\cdot\dfrac{2\pi}{L} \\[2ex] \dfrac{\partial y}{\partial \phi} = \dfrac{y_0}{4}\left[1-\cos\left(\dfrac{2\pi L_R}{L}\right)\right]\cdot\sin\left(\dfrac{2\pi\phi}{\phi_0}\right)\cdot\dfrac{2\pi}{\phi_0} \\[2ex] \dfrac{\partial^2 y}{\partial L_R^2} = \dfrac{y_0}{4}\left[1-\cos\left(\dfrac{2\pi\phi}{\phi_0}\right)\right]\cdot\cos\left(\dfrac{2\pi L_R}{L}\right)\cdot\left(\dfrac{2\pi}{L}\right)^2 \\[2ex] \dfrac{\partial^2 y}{\partial \phi^2} = \dfrac{y_0}{4}\left[1-\cos\left(\dfrac{2\pi L_R}{L}\right)\right]\cdot\cos\left(\dfrac{2\pi\phi}{\phi_0}\right)\cdot\left(\dfrac{2\pi}{\phi_0}\right)^2 \end{cases} \quad (4.66)$$

4.5 解析模型验证及失稳分析

4.5.1 悬空区破裂失稳分析

为了充分说明液室压力所起的作用特点，分别以两种凸模尺寸进行解析计算。在凸模锥底半径50mm、凸模半锥角60°、对应板料半径140mm的条件下（类型1），液室压力由0开始增大，直至发生凸模圆角破裂和凸模圆角及侧壁相切处均由破裂转为安全，得到破裂临界液室压力随拉深深度的变化情况如图4-32所示。由图4-32（a）可知，随着拉深进行，临界线逐渐降低，在50mm处降为0。临界线以上为拉深破裂区，说明液室压力不利于拉深，由图也可确定该零件的拉深极限深度为50mm。

在图4-32（b）中，拉深深度为28mm时，临界线2以上的区域表明凸模圆角及侧壁相切处无破裂现象发生，液室压力由临界线1转为临界线2同样会导致破裂。由于在解析计算中，假设不同液室压力下，与凸模侧壁接触的板料已成功贴附，而这种情况在实际中不会出现，因此拉深深度为75mm

的拉深过程无法一步完成。临界线 2 的加载前提是，拉深深度为 28mm 时的液室压力对应的悬空区截面轮廓已成形，即在此之前需要预成形过程。根据体积不变原则，预成形拉深量应以大于拉深深度为 28mm 时的悬空区截面轮廓体积为最小值。

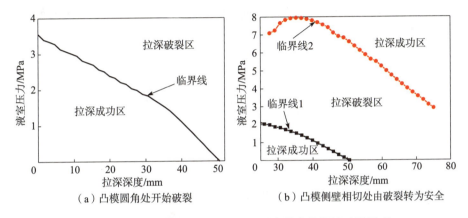

(a) 凸模圆角处开始破裂　　　(b) 凸模侧壁相切处由破裂转为安全

图 4-32　破裂临界液室压力随拉深深度的变化情况（类型 1）

在凸模锥底半径 70mm、凸模半锥角 70°、对应板料半径 150mm 的条件下（类型 2），破裂临界液室压力随拉深深度的变化情况如图 4-33 所示。从图 4-34 中可以看到，在拉深深度小于 40mm 时，板料可在低于临界线 1 的任意液室压力加载下成形；当拉深深度超过 40mm 后，出现了临界线 2，低于该值将导致凸模圆角处破裂，合理的液室压力加载区间为临界线 1 和临界线 2 之间。

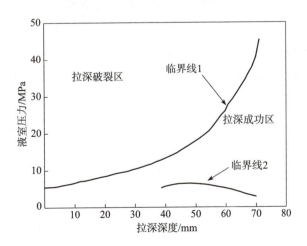

图 4-33　破裂临界液室压力随拉深深度的变化情况（类型 2）

在类型 1 的工艺参数下，得到不同成形温度下破裂临界液室压力随拉深深度的变化情况如图 4-35 所示。由图 4-34 可知，在相同拉深深度下，成形温度越高，材料软化，相应的破裂临界液室压力也越低；成形温度为 160℃ 和 210℃ 时，相应的拉深深度可有所提高；但在 300℃ 时，由于材料过度软化，凸模圆角处的应变硬化不足，无法提供较高的变形抗力，使得拉深过程在深度 30mm 时即因凸模圆角处破裂而终止。

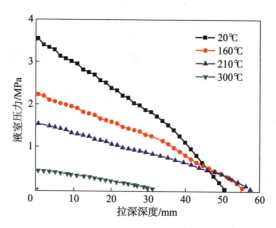

图 4-34　不同成形温度下破裂临界液室压力随拉深深度的变化情况（类型 1）

4.5.2　悬空区起皱失稳分析

由 4.3 节可知，解析模型对径向应力的预测值偏低，由此得到的切向应力值也会小于实际值，在式（4.64）中，径向应力和切向应力分别对悬空区起皱起到抑制和促进作用，导致拉深过程需要更大的临界液室压力才能抑制起皱现象，因此，图 4-25（类型 2）所示的起皱临界液室压力随拉深深度的变化曲线会高于实际情况。不过，从图 4-35 中也可得到，起皱临界液室压力的变化规律：在不同成形温度下，曲线均先升高后降低，峰值出现在拉深过程的后半段，且成形温度越高，所需的临界液室压力越小。

根据悬空区破裂和起皱失稳分析，对类型 2 中锥形件充液热拉深过程中可能出现的缺陷形式进行有限元仿真以进行验证。参考图 4-34 和图 4-35 中的临界液室压力变化曲线，设定有限元采用的液室压力-拉深深度曲线如图 4-36 所示，加载曲线分为 4 种情况。

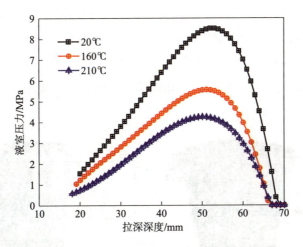

图 4-35　不同成形温度下起皱临界液室压力随拉深深度的变化情况（类型 2）

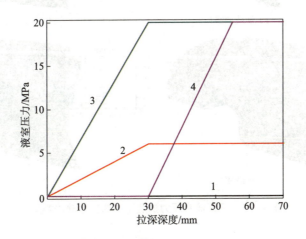

图 4-36　有限元采用的液室压力-拉深深度曲线（类型 2）

图 4-37 所示为不同液室压力加载下的悬空区缺陷类型。在图 4-37（a）中，未施加液室压力，起皱现象在拉深深度 30mm 左右开始出现，且板料没有破裂；在图 4-37（b）中，在液室压力的作用下，板料在前期没有起皱，在拉深深度 40mm 处，由于液室压力过低，导致起皱发生，同样没有产生破裂；在图 4-37（c）中，液室压力在拉深深度 30mm 时增加到 20MPa，过高的压力导致拉深深度为 10mm 时，板料在凸模圆角处破裂；在图 4-37（d）中，液室压力在拉深前期为 0MPa，然后迅速升高到 20MPa，导致板料在凸模

圆角处破裂和悬空区起皱，破裂是由于液室压力大引起的，而起皱则是因为液室压力变化过大，使得板料被"拍"在凸模侧壁而产生的。以上分析说明，对于解析计算得到的临界液室压力，虽然临界线的起点并未从 0MPa 开始，但对于实际加载情况，液室压力的变化曲线应平滑，以避免图 4-37（d）中的现象发生。

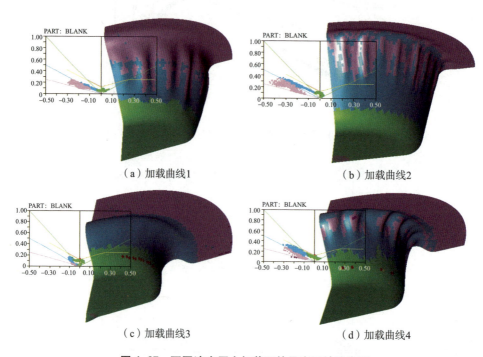

（a）加载曲线1　　　　　　　　（b）加载曲线2

（c）加载曲线3　　　　　　　　（d）加载曲线4

图 4-37　不同液室压力加载下的悬空区缺陷类型

充液热胀形基本规律

 充液热胀形基本原理

如图 5-1 所示,在充液热胀形试验中,板料放置在压边圈和凹模之间,加大压边力使得法兰处的板料不能流动,悬空部分的板料在液压力的作用下做纯胀形。充液热胀形过程是坯料未夹持部分的变形过程,在成形过程中,成形件面积的增大是完全依靠材料的变薄实现的。胀形件不同纬度位置材料的受力状态是不同的,胀形件拱顶部分材料受双向等拉作用,处于平面应力状态。靠近压边圈位置的材料,周向不发生变形,变形只发生在经度方向和厚度方向,材料处于平面应变状态。拱顶部分到压边圈之间的材料,处于平面应力和平面应变的中间状态。因此材料受力是不均匀的,变形程度也不均匀。其次,压边圈附近材料的纯平面应变状态,弯曲效应不能忽略。坯料被压边圈压紧部分的材料在拉力和弯矩的作用下,仍会发生少许材料流动和局部变薄,当然在充液热胀形中可忽略不计。

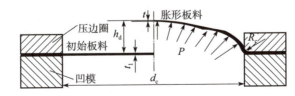

t_0—板料初始厚度;t—胀形过程中拱顶实际厚度;h_d—胀形终了,拱高;
R_e—压边圈圆角;d_e—胀形直径;P—液室压力。

图 5-1 充液热胀形试验原理图

5.2 充液热胀形试验过程力学分析

如图 5-2 所示,在充液热胀形试验中,中间部分直径为 d_c 的板料在通入模具型腔内的介质压力作用下向上凸起,形成曲面壳体。由于周边金属被压边圈紧压不能向内流动,因此中间凸起部分表面积的增加完全靠板料的变薄来实现,可假定曲面壳体为球壳。在整个胀形过程中,胀形件顶部即拱顶处于双向等拉状态。由于板料厚度方向尺寸远小于板料的直径尺寸,可假定此处板料处于平面应力状态,即忽略厚向应力($\sigma_{zz}=\sigma_t=0$,$\varepsilon_{zz}=\varepsilon_t\neq0$),可通过计算周向应力和切向应力来获得等效应力值,如图 5-2 所示。

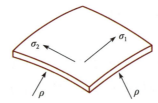

图 5-2 胀形试件的周向应力 σ_1 及切向应力 σ_2

球壳顶部主应力分别为周向应力 σ_1、切向应力 σ_2,以及厚向应力 σ_3,则有

$$\sigma_1=\sigma_2=\frac{P\rho}{2t} \tag{5.1}$$

式中:ρ 为球壳曲率半径;P 为液室压力。

$$\sigma_3=\sigma_t=0 \tag{5.2}$$

可得等效应力为

$$\bar{\sigma}=\frac{P\rho}{2t} \tag{5.3}$$

其应变分别如下。

厚向主应变:

$$\varepsilon_3=\varepsilon_t=\ln\left(\frac{t}{t_0}\right) \tag{5.4}$$

周向和切向主应变:

$$\varepsilon_1 = \varepsilon_2 = -\frac{1}{2}\varepsilon_3 \tag{5.5}$$

其等效应变为

$$\bar{\varepsilon} = -\varepsilon_3 = -\varepsilon_t = \ln\left(\frac{t_0}{t}\right) \tag{5.6}$$

球壳拱顶部分应变率为

$$\dot{\varepsilon}_3 = \frac{d\varepsilon_3}{d\tau} = \frac{dt}{t d\tau} \tag{5.7}$$

$$\dot{\varepsilon}_1 = \dot{\varepsilon}_2 = \frac{-\dot{\varepsilon}_3}{2} \tag{5.8}$$

根据等效应变率的定义,可得

$$\dot{\bar{\varepsilon}} = |2\dot{\varepsilon}_1| = |\dot{\varepsilon}_3| = \frac{dt}{t d\tau} \tag{5.9}$$

由图 5-1 可知,球壳的瞬时曲率半径为

$$\rho = \frac{\dfrac{d_c^2}{4} + h_d^2}{2h_d} = \frac{a^2 + h_d^2}{2h_d} \tag{5.10}$$

式中:a 为胀形半径,$a = \dfrac{d_c}{2}$。

引入无量纲高度参数:$H = \dfrac{h_d}{a}$,则有

$$\rho = \frac{a(1+H^2)}{2H} \tag{5.11}$$

根据体积不变条件,变形前后球壳体积应相等,即

$$V_0 = \pi a^2 t_0 = \pi t(a^2 + h_d^2) = \pi a^2 (1+H^2) t \tag{5.12}$$

因此变形后的厚度为

$$t = \frac{\pi a^2 t_0}{\pi a^2 (1+H^2)} = \frac{t_0}{1+H^2} \tag{5.13}$$

将式 (5.11) 和式 (5.13) 代入式 (5.3) 中,得

$$\bar{\sigma} = \frac{pa(1+H^2)^2}{4t_0 H} \tag{5.14}$$

将式 (5.13) 代入式 (5.6) 中，得到等效应变为

$$\overline{\varepsilon} = \ln(1+H^2) \tag{5.15}$$

变形过程中的厚度变化率为

$$\frac{\mathrm{d}t}{\mathrm{d}\tau} = -\frac{2Ht_0}{(1+H^2)}\frac{\mathrm{d}H}{\mathrm{d}\tau} \tag{5.16}$$

则等效应变率为

$$\dot{\overline{\varepsilon}} = \frac{2H}{(1+H^2)}\frac{\mathrm{d}H}{\mathrm{d}\tau} \tag{5.17}$$

$$\frac{\mathrm{d}p}{p} = \frac{\mathrm{d}\overline{\sigma}}{\overline{\sigma}} + \left[\frac{(1+H^2)-4H^2}{(1+H^2)H}\right]\mathrm{d}H \tag{5.18}$$

5.3 / 充液热胀形数值模拟及试验研究

5.3.1 充液热胀形试验条件

试验采用初始厚度为 1.5mm、直径为 175mm 的圆形坯料，试验温度分别为：常温、150℃、200℃、250℃、300℃，并在不同温度下对不同液压力进行研究。为了确定法兰处板料没有流动，每个胀形试验完后均测量其外直径大小，若有流动，则加大压边力重做；同一条件下的试验重复 3 次。另外，在初始板料上印制网格，以便测量变形后的各处应变。在这个试验中，由于不受摩擦的影响，因此试验的重复性会很好。

试验设备为充液热成形试验机，为了提高加热效率，模具上的加热块、加热板、加热室四壁同时开启加热至设定温度。由于测温点设置到模具上，为保证板料能达到设定温度及板料内部温度的均匀性，各区都达到设定温度后，均保温 30min。

5.3.2 有限元分析模型的建立

正如上述提到的，由于相关试验设备的缺乏，铝合金板材充液热胀形试验研究甚少，并且板材充液热胀形试验过程包括了材料非线性、几何非线性

和边界条件非线性的塑性成形过程。因此，为了更好地了解此状态下金属的流动规律和板材的变形特征，这里采用有限元数值模拟的方法进行辅助研究分析。数值模拟中建立的几何模型与试验过程中使用的模具相符。

这里采用功能齐全的高级非线性有限元数值模拟软件 MSC.Marc。一般而言，对于板材成形来说，壳单元应用较为广泛。壳单元上所有的节点均可以作为接触点，但普通壳单元不支持双面接触，因此本模型采用 MSC.Marc2007 中最新的实体壳（Solid Shell）单元。实体壳单元是一种比普通壳单元更简单，但计算结果几乎一致的新单元类型，实体壳单元具有以下优点：

（1）有效实现双面接触与检测。

（2）所需内存更少，因为节点更少。

（3）计算速度更快，所需时间数量级由天改为小时。

因此，这里采用 185 号实体壳单元作为板材的单元类型。

薄板成形是大变形问题，由于金属在模腔内的极度变形，使得计算过程中网格变坏，计算误差增大，甚至计算无法进行，因此，数值模拟的成败在很大程度上取决于初始网格的质量，获取高质量的网格是有限元建模的主要任务。在网格生成方法上，考虑简便高效，使网格划分工作不至于太繁重。弯曲半径小的部位网格相对要密，其周边网格需要有效对应，但这会影响整体计算速度。因此，网格划分过程兼顾精度与经济性，在应变急剧变化（应变梯度大）的区域单元小一些，在其他区域网格划分大一些，做到由密到疏过渡。

根据上述原则，以及板材胀形的特性，建立有限元网格如图 5-3 所示。

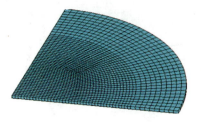

图 5-3　有限元网格

考虑到模型的轴对称性，在不影响计算精度的前提下，为了节约计算时间和成本，这里采用 1/4 模型，完整的有限元模型如图 5-4 所示。压边圈与凹模采用曲面描述作为不可变形的刚体对待，板料放置在压边圈和凹模之间，加大压边力使得法兰处的板料无法流入模具型腔内，悬空部分的板料在液压力的作用下做纯胀形。液压力采用面力的方式均匀施加到板料底部，始终垂直于单元表面。

图 5-4　有限元模型

5.3.3　应力的分布规律

图 5-5 所示为充液压力为 6MPa 时，不同胀形温度下等效应力的分布规律。从图 5-5 中可以看出，不管常温下还是高温下，等效应力在胀形件不同位置上的分布规律基本一致，在胀形件法兰区域由于没有金属流动，变化比较平稳，在压边圈圆角处，由于弯曲效应的存在，使得此处的等效应力出现一突变区，此后又从低到高爬升，在离中心 30mm 处等效应力变化再次出现平稳区，一直延伸至胀形中心。

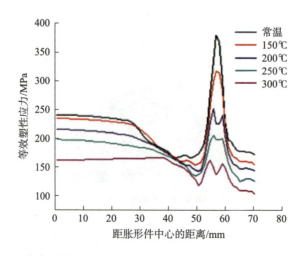

图 5-5　充液压力为 6MPa 时，不同胀形温度下的等效应力分布规律

另外，总体来看，常温情况下产生的等效应力最大，且在胀形件不同位置处等效应力变化也最为剧烈，压边圈圆角处的弯曲效应最为明显，随着温度的升高，等效应力逐渐变小，不同位置处等效应力的分布也逐渐处于平稳，凹模圆角处弯曲效应的影响逐渐变小。

图 5-6 所示为胀形温度为 200℃时，不同充液压力下等效应力的分布规律。从图 5-6 中可以看出，除 11.2MPa 板料中心出现破裂之外，其他充液压力下在胀形不同位置下的基本一致，这与上述温度的影响相同，主要与胀形件本身的变形规律有关；但在压边圈圆角处弯曲效应对等效应力的影响并没有随着充液压力的变化产生较大的变化，这说明充液压力对压边圈圆角的弯曲效应远没有温度来的敏感。

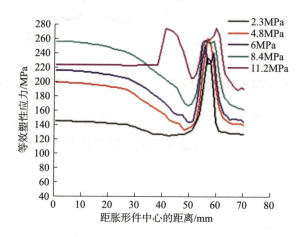

图 5-6　胀形温度为 200℃时，不同充液压力下等效应力的分布规律

另外，随着充液压力的增加，等效应力整体呈上升趋势。

5.3.4　应变的分布规律

图 5-7 所示为胀形压力为 6MPa 时，不同温度下等效应变的分布规律。从图 5-7 中可以看出，等效应变在胀形件不同位置上分布趋势和等效应力大体一致，但 200℃及 200℃以上时，在胀形件压边圈圆角以内至胀形中心部位，等效应变呈上升趋势，且随着温度的升高，上升趋势更为明显。在 200℃以上，等效应变随着温度的升高而增大的趋势十分明显，而在 200℃以下等效

应变随着温度基本没有太大变化。也就是说，在200℃及200℃以上较小的胀形压力就可以产生较大的变形，而在200℃以下要产生较大的变形，需要较高的胀形压力。

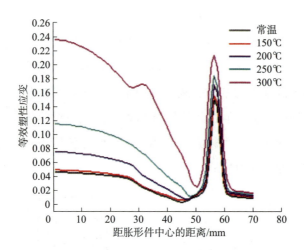

图 5-7　充液压力为 6MPa 时，不同温度下等效应变的分布规律

另外，在压边圈圆角处，等效应变对温度的变化远没有等效应力对温度变化来得敏感。也就是说，在合适的压边圈圆角情况下，压边圈圆角处并不会因温度的变化产生过多的变形。

图 5-8 所示为胀形温度为 200℃时，不同胀形压力下等效应变的分布规

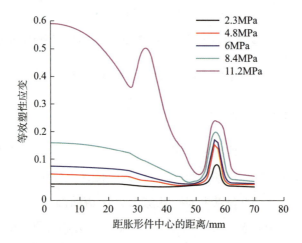

图 5-8　胀形温度为 200℃时，不同胀形压力下等效应变的分布规律

律。从图 5-8 中可以看出，等效应力随着胀形压力的升高而增大，在压力达到 11.2MPa 时，压边圈圆角以里的胀形产生了严重的抖动，这是因为此处的应变过大板料发生了破裂。

另外，胀形压力增加到 8.4MPa 时，最大处的等效应变增加到 0.16，而当胀形压力增加到 11.2 时，胀形件便产生破裂，最大处的等效应变增加到 0.59，胀形压力增加了 33.3%，而最大处等效应变比 8.4MPa 时增加了 269%，也就是在胀形试验时，在破裂前很短时间内产生了很大的变形。

图 5-9 所示为不同温度下，胀形件中心位置第一主应变随胀形压力的变化规律。根据前面的分析可知，除去压边圈圆角的弯曲效应，变形最大的地方就是胀形件中心位置，而中心位置的材料处于双向等拉状态，因此研究中心位置第一主应变的变化规律，可得到胀形件在不同温度，不同胀形压力下的胀形能力。

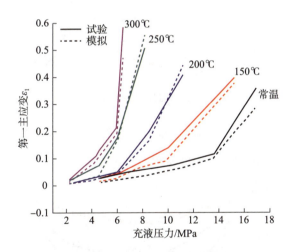

图 5-9　不同温度下，胀形件中心位置第一主应变随胀形压力的变化规律

从图 5-9 中可以看出，在不同温度下，第一主应变随胀形压力的变化曲线都出现了明显的拐点，每条曲线都是在各自特定压力以前曲线斜率较低，第一主应变变化较缓，而过了各自特定压力后，曲线斜率骤然变陡，第一主应变变化较大，而且随着温度的升高，总体来说，曲线上两段的斜率都有增大趋势，在各个温度下，在胀形件胀破前很短的时间内比前面很长的时间内产生了大得多的变形，继而产生失稳。另外，曲线上后一段随着温度的升高，

斜率增大的趋势更为明显，即应变对液压力变化愈加敏感。例如，300℃时，拐点后只产生了 0.5MPa 的压力变化，第一主应变却从 0.214 变化到 0.59，继而产生破裂。因此，在胀形试验及充液热成形中，温度越高，想得到大的变形量，就需要更精确的液室压力控制。

5.3.5 厚度的分布规律

为了研究胀形件截面厚度的分布规律，利用超声波测厚仪在胀形件上取点测量，厚度测量点采集示意图如图 5-10 所示。这里尽量避开压边圈圆角处的弯曲效应，重点研究板材受胀形影响的性能，从底部上移 5°开始测量，每隔 17°取一点测量，每点测量 3 次，取平均值。

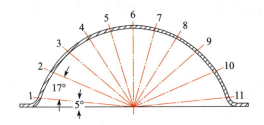

图 5-10　厚度测量点采集位置示意图

图 5-11 所示为胀形压力为 6MPa 时，沿轧制方向不同温度下胀形件截面厚度的分布规律。从图 5-11 中可以看出，在各温度下胀形件截面厚度都是从

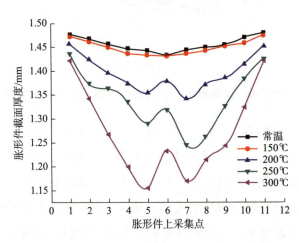

图 5-11　胀形压力为 6MPa 时，不同温度下胀形件截面厚度的分布规律

两边到中间区域逐渐减薄,壁厚分布不均匀,且这种不均匀现象随着温度的增加愈加明显。这些主要由于胀形件不同位置具有不一样的应变率,如图5-12所示(胀形压力为6MPa时,不同温度下等效塑性应变率分布规律的模拟结果),胀形件底部区域应变率较低,随着向顶部区域靠近,等效塑性应变率不断增加,且随着温度的升高等效塑性应变率的增加愈加明显。这就导致了胀形件顶部区域出现了明显的变薄效应。而且随着温度的增加,胀形件顶部区域变薄愈加明显。

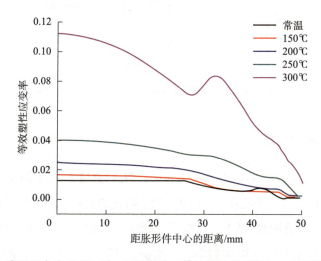

图 5-12　胀形压力为 6MPa 时,不同温度下等效塑性应变率分布规律的模拟结果

另外,还可以看出常温下胀形件最薄处位于胀形件的顶部中心位置。在150℃时,中间3点相差不大,几乎相等,而在200℃及200℃以上时,胀形件的最薄处却没有出现在顶部中心6点的位置,这与常温下成形的胀形件截面厚度分布规律出现很大的差别。这主要是因为胀形件的变薄不仅和应变变化有关,还和应力变化有关,低的应力,具有较低的变形抗力,较易变薄。胀形件最薄处往往出现在低的塑性流动应力和高应变的混合点,这个点也是胀形件易失效区。图5-13所示为不同温度下胀形件破裂时胀形件截面厚度分布。从图5-13中可以看出,常温下破裂位置位于胀形件的顶部,而高温下破裂位置出现在靠近顶部的区域,这与常温下表现出明显的不同。

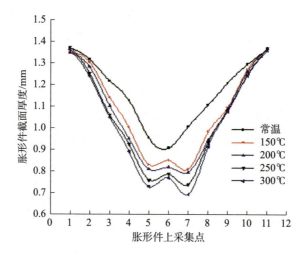

图 5-13　不同温度下胀形件破裂时胀形件截面厚度分布

5.3.6　胀形高度

图 5-14 所示为胀形压力为 6MPa 时，胀形温度对胀形高度的影响。从图 5-14 中可以看出，曲线在 150℃时出现了明显的拐点，从常温升高到 150℃，胀形高度从 9.5 增加到 10.5，增加了 10.5%，变化不大，而从 150℃升高到 300℃，胀形高度从 10.5 增加到 24.5，增加了 133.3%，高度增加显著。因此，对于 5A06-O 铝镁合金来说，在 150℃及 150℃以下胀形能力有限，与常温相比变

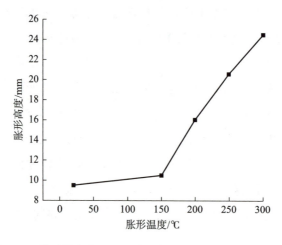

图 5-14　胀形压力为 **6MPa** 时，胀形温度对胀形高度的影响

化不大，而当温度提高到150℃以上时，胀形能力较常温有了很大的提高，且此时受温度影响较为明显。图 5-15 所示为胀形压力为 6MPa 时，不同温度下的胀形试件。因此，对于充液热成形而言，要想发挥 5A06 铝镁合金的变形能力，应在 150℃以上进行。

图 5-15　胀形压力为 6MPa 时，不同温度下的胀形试件

（自左向右依次为：常温、150℃、200℃、250℃、300℃）

第 6 章

固体颗粒介质成形流动模型

6.1 / 颗粒介质力学性能试验研究

6.1.1 颗粒传压介质介绍

热介质充液成形工艺所采用的耐热油介质最高使用温度仅为350℃，远远不能满足目前应用日益广泛的高强钢及钛合金等常温下低塑性材料的成形要求（钛合金 TC4 板材最佳热成形温度可达 770℃[1]，高强钢 22MnB5 热成形温度达 950℃[2]）。为了提高柔性介质成形工艺适用温度范围，本节采用了淄博宇邦公司提供的钇稳定氧化锆陶瓷珠作为传力介质（图 6-1），其基本性能参数如表 6-1 所列。氧化锆陶瓷属于新型陶瓷，具有耐高温、热稳定性好等优点，其熔点可达 2650℃；低温时为单斜晶系，单斜相与四方相转变温度达

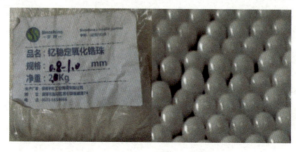

图 6-1 钇稳定氧化锆陶瓷珠

1150℃，可在 0~1150℃ 保持良好的力学性能[3-4]，并且该材料不与钛合金材料在高温下发生反应，完全满足了高温颗粒介质成形工艺的需要。

表 6-1 钇稳定氧化锆陶瓷珠的基本性能参数

项目	单位	数据
密度	g/cm^3	6.0
弹性模量	GPa	220
断裂韧性	MP·am$^{1/2}$	8
熔点	℃	2650
表面硬度	HRA	88~90

6.1.2 三轴围压试验简介

为了对颗粒介质在成形过程中的流动变形特性进行测试，国内外学者运用了多种测量手段，包括轴向静态传压性能试验、直接剪切试验等[5-7]，但是，上述测试手段所获数据偏向于静态受力条件下的试验结果，无法建立颗粒材料在压缩变形过程中的应力-应变关系曲线。对于颗粒介质成形工艺而言，其适用性不佳。本节选择采用三轴围压试验对颗粒介质的流动行为进行测试。

三轴围压试验是一种较为成熟的土工试验方法，适用于测定颗粒材料在三向压应力条件下的动态压缩变形特性，相比于直接剪切试验，三轴围压试验中被测试颗粒材料的受力及流动状态更贴近于主动式颗粒介质成形工艺中的颗粒介质。因此，本节选择的三轴围压试验可以更加合理地测定陶瓷颗粒材料的流动特性及压力传递规律。

试验在北京交通大学土工实验室 TSZ-1 全自动三轴仪上进行，试验装置、示意图及建立的试验坐标系如图 6-2 所示。三轴仪由电动丝杠试验机机架、轴向加载及测量系统、压力加载及测量系统等组成。试验所用圆柱形试样规格为：直径 40mm，高度 80mm。

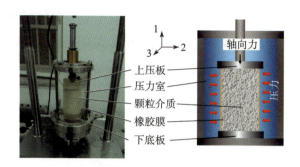

图 6-2　三轴围压试验装置、示意图及建立的试验坐标系

三轴围压试验的主要步骤如下。

（1）利用对开模（图 6-3）将待测试颗粒介质包裹隔水橡胶膜堆积于下底板上，锁紧对开模并紧密压实颗粒介质，制成圆柱体试件。

（2）撤掉对开模，向压力室内注满液体，启动压力加载装置，使试件受到均匀径向压力，并使该压力值在整个试验过程中保持不变，在此次试验过程中，选择 4 种围压水平，即 200kPa、400kPa、600kPa、800kPa。

（3）试验机机架横梁下行，通过传力杆对上压板施加轴向压力，使所测试颗粒介质缓慢压缩。

（4）随着颗粒介质的不断变形，颗粒介质轴向载荷也不断增大，在试验过程中记录压力室压力值及实时轴向位移、载荷值，直到颗粒介质产生稳态变形，轴向载荷趋于恒定。

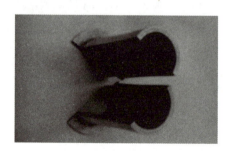

图 6-3　对开模

6.1.3　三轴围压试验结果分析

需要说明的是，在岩土力学领域，人们习惯上将压应力作为正应力，而

将拉伸应力作为负应力。因此，本节遵从岩土力学假设，将三轴围压试验中所有压应力值均处理成负值。假设在试验过程中，围压 $\sigma_2 = \sigma_3$，轴向应变为 ε_1，整理数据，得到围压 σ_3 分别为 200kPa、400kPa、600kPa、800kPa 条件下主应力差 $\sigma_1 - \sigma_3$ 与轴向应变 ε_1 关系曲线如图 6-4 所示。可以发现，颗粒介质是一种摩擦型材料，即在压应力增大时材料表现出了更高的流动应力值。例如，材料在低围压水平（200kPa）条件下，当轴向应力值到 400kPa 左右时即产生了稳定流动；而当围压升至 800kPa 时，材料产生稳定流动需要的轴向应力也升至 1600kPa。另外，对于某一围压水平而言，通过三轴围压试验所得到的主应力差-轴向应变曲线为一个非线性增函数曲线。为了描述这种复杂的非线性变形特征，本章采用了两种弹-塑性模型及一种非线性弹性模型进行研究。

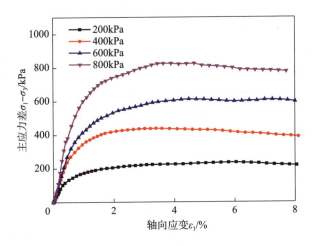

图 6-4　主应力差 $\sigma_1 - \sigma_3$ 与轴向应变 ε_1 关系曲线

6.2　颗粒介质弹-塑性模型研究

6.2.1　颗粒介质弹-塑性模型简介

根据岩土工程定义[8]，试验中采用陶瓷颗粒材料属于岩土力学中的散体材料，由相互之间无黏合作用力的非金属颗粒堆积而成。在受力状态下，颗粒与颗粒之间存在复杂的摩擦接触现象，因此在宏观尺度上观测到的变形规律较为复杂。

由 6.1.3 节的试验结果可知，颗粒介质的应力-应变曲线具有明显的非线性及弹塑性特征。因此，本节拟采用岩土力学领域中应用较为广泛的弹-塑性模型对颗粒介质的流动特性进行建模描述。岩土材料的弹-塑性模型理论以经典弹塑性理论为基础，与传统弹-塑性理论相比，岩土材料的弹-塑性特征如表 6-2 所示。下面将以二维空间的莫尔-库仑弹塑性模型为例对颗粒介质弹-塑性模型进行简要介绍。

表 6-2 传统弹塑-性力学与岩土弹-塑性力学的不同点

传统弹-塑性力学	岩土弹-塑性力学
传统弹-塑性力学采用关联性流动法则，即塑性流动势面与屈服函数相同，这时塑性应变增量的方向与屈服面/塑性流动势面垂直	岩土弹-塑性力学中，塑性势函数与屈服函数不同，属于非关联的流动法则，这时塑性应变增量方向与屈服面不正交，但仍然保持与塑性势面正交
传统弹-塑性力学中，只考虑形变硬化的稳定材料，不考虑形变软化的非稳定材料	岩土弹-塑性力学中可以是稳定材料，也可以是不稳定材料
传统弹-塑性力学为压应力无关材料，即材料的屈服不与材料平均应力 σ_m 相关	一般为压应力相关材料，材料所受平均应力 σ_m 越大，屈服强度越大
只考虑剪切屈服。在屈服面上，传统弹-塑性力学是两端开口的单一的剪切屈服面	除了考虑剪切屈服，还要考虑体积屈服。在屈服面上，需考虑剪切屈服面与体积屈服面，以及在等压情况下产生的屈服，即岩土材料的屈服面为封闭曲面

与金属塑性理论类似，岩土力学的弹-塑性理论由破坏（屈服）条件、流动法则和硬化规律 3 个部分构成。用塑性理论计算岩土（颗粒介质）的变形状态，首先要确定材料的破坏条件（塑性屈服条件）。岩土材料在外力的作用下会产生一定变形，当材料所受应力达到一定水平时，材料会产生永久变形（对于颗粒介质而言，则会出现流动），该变形无法因外力卸载而恢复。目前获得广泛认可的莫尔-库仑强度理论认为，岩土材料在外力的作用下会在某一剪切作用面上发生破坏，而该剪切面上的最大剪应力 $\tau_{\max}$ 定义为该面上的剪切强度 S。与金属材料不同的是，岩土材料属于摩擦型材料，其剪切强度并不

具有压力无关特性，其强度大小与剪切面上的法向应力 σ 及内摩擦角 φ 有关（图 6-5），即

$$|\tau_{max}| = S = f(\sigma) = c + \sigma \tan\varphi \tag{6.1}$$

式中：c 为剪切强度线截距，称为内聚力；σ 为作用在剪切作用面上的法向应力；φ 为强度线的倾角，即内摩擦角。

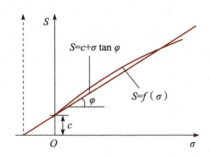

图 6-5 岩土材料强度曲线

可见，对于莫尔-库仑强度理论而言，岩土材料强度指标仅有 c、φ 两个参数，两者与岩土所受应力状态无关，取决于岩土材料本身，并且可由三轴围压试验或直接剪切试验获得。

利用三轴围压试验获取莫尔-库仑强度理论指标时，需绘制不同围压水平下材料发生破坏（或屈服）时的应力莫尔圆，则不同应力莫尔圆外包络线即为岩土材料的剪切强度线，过程示意图如图 6-6 所示。

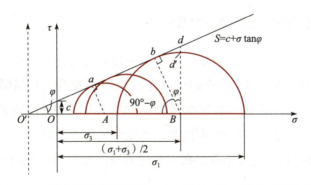

图 6-6 三轴围压试验获取莫尔-库仑强度理论指标的过程示意图

另外，需要说明的是，对于处于破坏状态的岩土材料微元 A 来说，临界破坏面 b 并不是最大剪应力所在平面，而是与其形成了 $\varphi/2$ 的夹角。进一步，

由图6-6所示几何关系可知：

$$\sin\varphi = \frac{bB}{O'B} = \frac{(\sigma_1-\sigma_3)/2}{(\sigma_1+\sigma_3)/2+c/\tan\varphi} \quad (6.2)$$

即

$$(\sigma_1-\sigma_3)/2 = \sin\varphi(\sigma_1+\sigma_3)/2 + c\cos\varphi$$

其次，要确定材料发生破坏（屈服）之后所服从的流动法则。对于金属材料而言，其塑性流动势面与屈服函数相同，塑性应变增量的方向与屈服面/塑性流动势面垂直，即金属材料流动遵从关联性流动法则。而对于包括颗粒介质在内的岩土材料而言，其塑性流动势面一般与屈服函数不同，塑性应变增量的方向不再正交于屈服面，即岩土材料塑性流动过程遵从非关联流动法则。Nova等[9]指出，非关联流动法则能够更好地描述岩土材料的变形特性，大量的岩土材料本构模型研究中均广泛采用了非关联流动法则[10-11]。

与金属塑性理论类似，岩土材料的硬化规律定义了屈服面随着变形程度不断增加而服从的移动、扩展准则，常以塑性体积应变或塑性体积应变和塑性偏应变的组合作为硬化参数。岩土材料的硬化现象源于岩土在受力变形过程中所发生的破碎、重排及固结等现象；通过试验发现，这里所研究的颗粒介质在整个成形过程中所受压力未超过颗粒材料的破碎力，成形后的陶瓷珠均可保持完整球形外观，并无破碎现象，因此，考虑到该特征，这里忽略了颗粒介质塑性屈服面的硬化规律，即认为颗粒介质材料为理想塑性材料。

6.2.2 莫尔-库仑模型及参数确定

6.2.1节以二维应力空间的莫尔-库仑强度理论为例简要介绍了岩土材料的弹-塑性理论。在三维应力空间中，莫尔-库仑强度理论的屈服面为一个以静水压应力线为对称轴的六棱锥面（图6-7），其与π平面交线并不是内接于米塞斯圆的正六边形。需要说明的是，各坐标轴正方向均为压应力方向，与金属塑性变形计算中符号相反。在三维应力空间莫尔-库仑屈服面函数表达式为

$$F = R_{mc}q - p\tan\varphi - c = 0 \quad (6.3)$$

$$R_{mc}(\Theta,\varphi) = \frac{1}{\sqrt{3}\cos\varphi}\sin\left(\Theta+\frac{\pi}{3}\right) + \frac{1}{3}\cos\left(\Theta+\frac{\pi}{3}\right)\tan\varphi \quad (6.4)$$

式中:φ、c 分别为材料的内摩擦角及内聚力;Θ 为材料应力状态点在 π 平面内的极偏角;p、q、r 分别为第一、第二、第三主应力状态不变量。

$$p = \text{Tresca}(\boldsymbol{\sigma}) \tag{6.5}$$

$$q = \sqrt{3/2\boldsymbol{S}:\boldsymbol{S}} \tag{6.6}$$

$$r = \sqrt[3]{9/2\boldsymbol{S}\,\boldsymbol{S}:\boldsymbol{S}} \tag{6.7}$$

$$\boldsymbol{S} = \boldsymbol{\sigma} + p\boldsymbol{I} \tag{6.8}$$

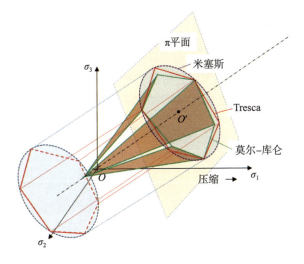

图 6-7 三维应力空间中莫尔-库仑屈服面

利用 6.1.3 节三轴围压试验结果,将每组围压水平下颗粒介质破裂(塑性流动)发生时应力状态莫尔圆在应力图上标出(图 6-8),可得莫尔-库仑模型 c、φ 参数分别为 15.2kPa、19.19°。

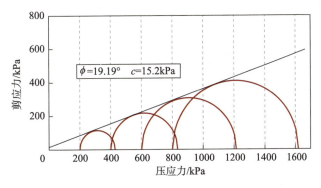

图 6-8 利用三轴围压试验获取的莫尔-库仑模型参数

前文已述，莫尔-库仑屈服面在三维应力空间中为一六棱锥面，若直接采用该棱锥面作为塑性流动势面，在塑性变形数值计算过程中会产生法向量奇异点，从而影响计算稳定性。为了解决这一问题，Menetrey等[15]提出了一种基于非关联流动法则的光滑连续塑性势面，即

$$G_{MC} = \sqrt{(\kappa c |_0 \tan\psi)^2 + (R_{mw}q)^2} - p\tan\psi \tag{6.9}$$

$$R_{mw} = \frac{4(1-e^2)\cos^2\Theta + (2e-1)^2}{2(1-e^2)\cos\Theta + (2e-1)\sqrt{4(1-e^2)\cos^2\Theta + 5e^2 - 4e}} R_{mc}\left(\frac{\pi}{3}, \varphi\right) \tag{6.10}$$

$$R_{mc}\left(\frac{\pi}{3}, \varphi\right) = \frac{3-\sin\varphi}{6\cos\varphi} \tag{6.11}$$

式中：ψ 为在 p-$R_{mw}q$ 应力空间所测得的剪胀角（图6-9）；c_0 为初始内聚力。因此塑性应变增量方程可表示为

$$d\varepsilon^{pl} = \frac{d\overline{\varepsilon}^{pl}}{g} \frac{\partial G_{MC}}{\partial \boldsymbol{\sigma}} \tag{6.12}$$

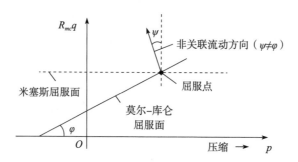

图6-9 莫尔-库仑模型非关联流动法则图示

当莫尔-库仑模型中剪胀角 ψ 与内摩擦角 φ 相等时，即为关联性流动法则。许多学者[12]研究发现，对于岩土材料，剪胀角 ψ 与内摩擦角 φ 并不相等。孔位学等[13]认为，对于岩土材料适用的非关联流动法则中，剪胀角应取 $\psi=\varphi/2$，应用该结论，Dong等[14]利用传统有限元分析技术对筒形零件颗粒介质成形过程进行了仿真分析，但是，剪胀角 $\psi=\varphi/2$ 条件成立是建立在岩土工程应用背景上的，对于颗粒介质成形过程并不具有很高的适用性。第8章颗粒介质成形过程仿真结果表明，剪胀角 ψ 的选取对于最终模拟结果的确有较大的影响，而目前在颗粒介质成形仿真研究中对该参数缺乏深入的探讨。基于耦合欧拉-拉格朗

日算法,第 8 章对不同剪胀角 ψ 条件下的模拟结果进行了比对,并给出了适用于颗粒介质成形分析中剪胀角 ψ 的数值及选取依据。

6.2.3 德鲁克-普拉格模型及参数确定

为了考虑静水压应力对岩土屈服的影响,Drucker 等[15] 于 1952 年提出了广义 Mises 屈服准则,即德鲁克-普拉格模型:

$$F = q - p\tan\beta - d \tag{6.13}$$

式中:β 为德鲁克-普拉格模型内摩擦角;d 为德鲁克-普拉格模型内聚力。

德鲁克-普拉格模型内摩擦角 β 及内聚力 d 可由三轴围压试验获得的莫尔-库仑模型参数经换算获得。

$$\tan\beta = \frac{6\sin\varphi}{3-\sin\varphi} \tag{6.14}$$

$$d = \left(1 - \frac{1}{3}\tan\beta\right)\frac{2c\cos\varphi}{1-\sin\varphi} \tag{6.15}$$

计算得到德鲁克-普拉格模型内摩擦角 $\beta = 36.44°$,内聚力 $d = 32.24\text{kPa}$。需要说明的是,德鲁克-普拉格模型在主应力空间中为一个以静水压应力线为对称轴的圆锥面(图 6-10)。由于该模型基于经典米塞斯理论,其在 π 平面的交线即为米塞斯屈服轨迹。另外,在岩土力学中,若不考虑由于各向等向

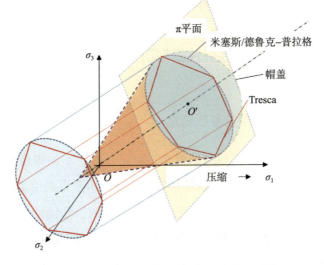

图 6-10　三维应力空间中德鲁克-普拉格屈服面

压缩引起的屈服现象，则德鲁克-普拉格模型屈服面在主应力空间沿静水压应力线方向是开口的；若考虑由静水压力引起的屈服，则德鲁克-普拉格模型屈服面为一个封闭的曲面，即在原有屈服面上加一个帽盖（Cap）使其封闭（图 6-10），称为德鲁克-普拉格-帽盖模型。

帽盖模型[16-17]是一种体积屈服模型，在岩土力学中得到了广泛的应用，许多学者提出了多种帽盖模型以反映岩土材料在受到三向压应力状态下的变形情况。Nova 等[18-19]则进一步提出了多种更加完善的帽盖屈服模型以改善模型曲面的二阶连续性。帽盖模型在颗粒介质成形过程数值模拟中也被一些学者采用[20]，Chen 等利用德鲁克-普拉格-帽盖模型对高温颗粒介质管材胀形试验进行了模拟分析。然而作者通过试验发现，在板材高温颗粒介质成形过程中，由于成形介质未选取易碎的石英砂等材料，在成形过程中颗粒介质保持完整，因此在本书接下来的研究中忽略了颗粒介质由于各向压应力而引起的屈服现象，即认为德鲁克-普拉格模型为一开口的圆锥曲面。

在德鲁克-普拉格模型研究中，采用线性非关联塑性流动法则，其塑性流动势函数 G_{DP} 表达式为

$$G_{DP} = q - p\tan\gamma \tag{6.16}$$

式中：γ 为德鲁克-普拉格模型剪胀角。

6.3　颗粒介质非线性弹性模型研究

6.3.1　邓肯-张模型及参数确定

由 6.1.3 节三轴围压试验结果可知，颗粒介质在不同围压水平下剪切应力-轴向应变曲线呈现显著的非线性特征，因此，本节也采用了一种非线性弹性模型对颗粒介质在成形过程中变形情况进行预测。非线性弹性模型将颗粒介质视为弹性体，外力在颗粒介质上的做功以弹性应变能的形式被颗粒介质储存，颗粒介质每一质点的应力水平由其变形程度唯一决定，当外力卸载时，

弹性应变能全部释放。该特征与颗粒介质成形的真实过程并不严格相符，因而非线性弹性模型仅仅是对颗粒介质应力应变关系的一种简化。由于在颗粒介质成形中仅仅为单调加载过程，没有卸载阶段，因此在颗粒介质变形过程中也不需考虑其卸载回弹的影响，并且在弹性模型计算过程中也免去了屈服点判断及塑性流动预测步骤，大大降低了计算时间。因此，为了提高计算效率，基于上述弹性假设采用非线性弹性本构关系来模拟颗粒介质在成形过程中的变形关系仍然具有一定的合理性。比较常见的非线性弹性模型有 $E\text{-}\nu$ 模型和 $E\text{-}B$ 模型，还有考虑到偏张量及球张量互相耦合的 $K\text{-}G$ 模型等。本节选择了邓肯-张模型对三轴围压试验结果进行分析。

邓肯-张模型[21]属于 $E\text{-}\nu$ 模型，是一种双曲线型弹性模型。该模型认为，岩土材料在三轴围压试验中的轴向偏应力与轴向应变之间的关系可由双曲线函数表示（图6-11），显然，定义了三轴围压试验中切线弹性模量 $E_t = \Delta\sigma_i/\Delta\varepsilon_i$ 及切线泊松比 $\nu_t = \Delta\varepsilon_3/\Delta\varepsilon_1$。邓肯-张模型双曲线型本构方程可表示为

$$\sigma_1 - \sigma_3 = \frac{\varepsilon_1}{a + b\varepsilon_1} \tag{6.17}$$

式中：a，b 均为模型参数。

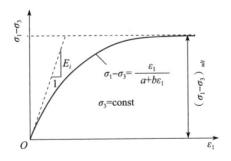

图 6-11　邓肯-张模型双曲线函数图示

定义曲线初始弹性模量为

$$E_i = \frac{\partial(\sigma_1 - \sigma_3)}{\partial\varepsilon_1}\bigg|_{\varepsilon_1 = 0} \tag{6.18}$$

假设主应力差 $(\sigma_1 - \sigma_3)$ 理论极限值为 $(\sigma_1 - \sigma_3)_{ult}$，实际破坏值为 $(\sigma_1 -$

$\sigma_3)_f$,则由式(6.17)可以导出

$$a = \frac{1}{E_i} \tag{6.19}$$

$$b = \frac{1}{(\sigma_1-\sigma_3)_{ult}} = \frac{R_f}{(\sigma_1-\sigma_3)_f} \tag{6.20}$$

式中:R_f为破坏比,

$$R_f = \frac{(\sigma_1-\sigma_3)_f}{(\sigma_1-\sigma_3)_{ult}} = \frac{实际破坏值}{(\sigma_1-\sigma_3)的理论极限值} \tag{6.21}$$

因此,式(6.17)可进一步表示为

$$\sigma_1-\sigma_3 = \frac{\varepsilon_1}{\dfrac{1}{E_i}+\dfrac{R_f\varepsilon_1}{(\sigma_1-\sigma_3)_f}} \tag{6.22}$$

经过大量试验,Janbu[22]给出了初始弹性模量E_i经验公式,即

$$E_i = Kp_a\left(\frac{\sigma_3}{p_a}\right)^n \tag{6.23}$$

式中:K、n均为试验常数;$p_a = 0.1\text{MPa}$

对式(6.22)求导,可得切线弹性模量$E_t = \dfrac{\partial(\sigma_1-\sigma_3)}{\partial \varepsilon_1}$,代入莫尔-库仑强度准则

$$(\sigma_1-\sigma_3)_f = \frac{2c\cos\varphi + 2\sigma_3\sin\varphi}{1-\sin\varphi} \tag{6.24}$$

可得

$$E_t = \left[1 - \frac{R_f(1-\sin\varphi)(\sigma_1-\sigma_3)}{2c\cos\varphi + 2\sigma_3\sin\varphi}\right]E_i \tag{6.25}$$

邓肯-张模型参数K、n、R_f可通过前面所述的三轴围压试验结果获得,考虑到颗粒介质堆积体在成形过程中的体积不变形,在模拟过程中设置切线泊松比$v_t = 0.5$。

最后,利用从三轴围压试验得到的切线弹性模量E_t和切线泊松比v_t可得到应力增量$\delta\sigma_{ij}$和应变增量$\delta\varepsilon_{ij}$间非线性弹性切线刚度矩阵,其表达式为

$$\begin{Bmatrix} \delta\sigma_x \\ \delta\sigma_y \\ \delta\sigma_z \\ \delta\tau_{xy} \\ \delta\tau_{xz} \\ \delta\tau_{yz} \end{Bmatrix} = \frac{E_t(1-v_t)}{(1+v_t)(1-2v_t)} \begin{bmatrix} 1 & & & & & \\ \frac{v_t}{1-v_t} & 1 & & \text{对称} & & \\ \frac{v_t}{1-v_t} & \frac{v_t}{1-v_t} & 1 & & & \\ 0 & 0 & 0 & \frac{1-2v_t}{2(1-v_t)} & & \\ 0 & 0 & 0 & 0 & \frac{1-2v_t}{2(1-v_t)} & \\ 0 & 0 & 0 & 0 & 0 & \frac{1-2v_t}{2(1-v_t)} \end{bmatrix} \begin{Bmatrix} \delta\varepsilon_x \\ \delta\varepsilon_y \\ \delta\varepsilon_z \\ \delta\gamma_{xy} \\ \delta\gamma_{xz} \\ \delta\gamma_{yz} \end{Bmatrix}$$

(6.26)

依据莫尔-库仑强度参数，代入式（6.24）中，可计算得到在三轴围压试验中不同围压 σ_3 下的塑性屈服应力值，如表 6-3 所列。

表 6-3 颗粒介质在不同围压 σ_3 下的塑性屈服应力值

σ_3/kPa	$(\sigma_1-\sigma_2)_f$/kPa	σ_1/kPa
200	238.479	438.479
400	434.197	834.197
600	629.915	1229.915
800	825.633	1625.633

考虑到实际三轴围压试验所获得的应力应变关系具有显著的非线性特征，为了确定邓肯-张模型参数，在此对颗粒介质应力-应变曲线进行初步线性化处理。

$$\frac{\varepsilon_1}{\sigma_1-\sigma_3} = \frac{1}{E_i} + \frac{R_f \varepsilon_1}{(\sigma_1-\sigma_3)_f} = \frac{1}{E_i} + \frac{\varepsilon_1}{(\sigma_1-\sigma_3)_{ult}} \quad (6.27)$$

计算得到 $\varepsilon_1/(\sigma_1-\sigma_3)-\varepsilon_1$ 曲线如图 6-12 所示。可见，经过式（6.27）处理后的曲线具有明显的线性特征。从图 6-12 所示曲线通过线性回归分析，得到每条拟合直线的截距及斜率即为各个条件下的 $1/E_i$ 及 $R_f/(\sigma_1-\sigma_3)_f$ 值。

在各个围压 σ_3 下的破坏比 R_f 及初始弹性模量 E_i 计算值如表 6-4 所列，可得平均破坏比 R_f = 0.9856。

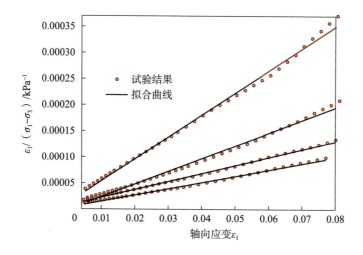

图 6-12　$\varepsilon_1/(\sigma_1-\sigma_3)-\varepsilon_1$ 曲线

表 6-4　颗粒介质各围压 σ_3 下的 R_f、E_i 值

σ_3/kPa	$(\sigma_1-\sigma_3)_f$/kPa	$(\sigma_1-\sigma_3)_{ult}$/kPa	E_i/MPa	R_f	R_f 平均
200	238.479	240.966	84.106	0.98967	
400	434.197	436.163	95.362	0.99549	0.9856
600	629.915	649.350	141.437	0.97007	
800	825.633	836.333	314.239	0.98720	

初始弹性模量 E_i 经验公式中 K、n 试验参数可通过非线性拟合算法获得，图 6-13 所示为不同围压 σ_3 下的切线弹性模量计算结果及拟合曲线，算得 K = 102.44，n = 1.61245。

综上，利用三轴围压试验获得的邓肯-张模型参数如表 6-5 所列，预测曲线与试验结果对比如图 6-14 所示。可以看到，利用邓肯-张模型计算出的颗粒介质流动过程剪应力-轴向应变曲线与真实试验数据较为贴近，并且不同围压水平下的稳态流动剪应力值与真实试验测得的数据基本一致。

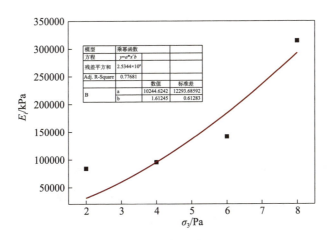

图 6-13 切线弹性模量 E_i 拟合结果分析

表 6-5 邓肯-张模型参数

K	n	p_a	R_f	v
102.44	1.61245	100	0.9856	0.5

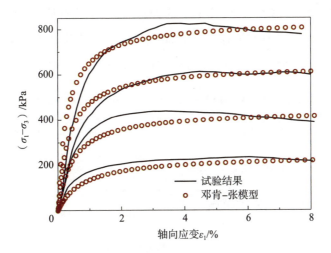

图 6-14 邓肯-张模型预测结果与三轴围压试验结果对比

6.3.2 基于 VUMAT 子程序的颗粒介质模型二次开发

ABAQUS 是目前应用较为广泛的大型通用有限元分析软件，其优越的非线性（材料、几何、边界条件）计算能力得到了国内外众多学者的高度认可，并广泛地应用于结构静/动力学分析、塑性成形分析、热机耦合分析、声场/热场/磁场分析等领域。另外，该软件所包含的丰富用户子程序接口也为用户提供了更加强大的分析处理手段。本节也采用了 ABAQUS 有限元软件对 TA1 板材颗粒介质成形过程进行了仿真分析研究。

建立准确可靠的材料模型是获得精确仿真分析结果的基础和前提，在力学工程分析方面，ABAQUS 软件针对多种材料（金属、岩土、塑料、橡胶、多孔材料等）提供了较为完善的本构模型库以反映各材料在相应条件下的力学性能。对于颗粒介质成形过程而言，ABAQUS 软件同样提供了本节所选择的颗粒介质莫尔-库仑模型以及德鲁克-普拉格模型接口，上述两种模型可在软件中通过输入模型参数直接计算。但是，对于 6.3.1 节所建立的邓肯-张非线性弹性模型软件中无相应接口。利用 ABAQUS 软件所提供的大量二次开发用户子程序，本书编写了颗粒介质非线性弹性模型应力更新代码。

ABAQUS 软件针对显式计算及隐式计算模块提供了两种用户定义子程序 VUMAT 及 UMAT，两者在本书介绍的颗粒介质成形模拟方面具有区别如表 6-6 所列。鉴于 VUMAT 在颗粒介质成形模拟过程中具有更好的适用性，因此本节选择显式计算 VUMAT 子程序进行应力更新算法编写。

表 6-6　显式 VUMAT 子程序与隐式 UMAT 子程序的区别

显式 VUMAT 子程序	隐式 UMAT 子程序
适用于计算具有复杂接触特征的材料变形过程	若变形接触条件过于复杂，则计算过程可能不收敛
可以利用耦合欧拉-拉格朗日算法对颗粒介质及板材变形过程进行精确计算	无法使用耦合欧拉-拉格朗日算法进行计算
所有张量在随动坐标系下进行计算，无须修正	使用绝对坐标系计算应力、应变张量，因此在计算材料大变形时，需要对计算结果进行修正
无须计算雅克比矩阵	为了保证材料模型二阶收敛性，除应力更新之外，还需对材料雅克比矩阵进行定义

利用 VUMAT 子程序进行邓肯-张模型开发流程图如图 6-15 所示。在程

序处理过程中，首先读取上一步应力张量 stressOld（nblock，ndir+nshr）（$\{\boldsymbol{\sigma}_t\}$）及应变增量张量 strainInc（nblock，ndir+nshr）（$\{\Delta\boldsymbol{\varepsilon}\}$），其中 ndir 为主应力（变）分量个数，nshr 为剪应力（变）分量个数。利用式（6.26）所示的切线弹性模量矩阵，计算当前应力增量张量，进而对应力状态张量 stressNew（nblock，ndir+nshr）（$\{\boldsymbol{\sigma}_{t+\Delta t}\}$）进行更新。

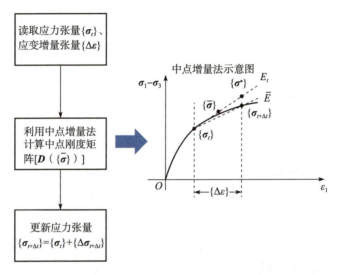

图 6-15　利用 VUMAT 子程序进行邓肯-张模型开发流程图

需要注意的是，利用 VUMAT 子程序进行邓肯-张非线性弹性模型开发时，为了降低数值积分过程中产生的计算误差，本节采用了中点增量法进行应力计算，具体算法步骤如下。

（1）根据上一步应力张量 $\{\boldsymbol{\sigma}_t\}$ 计算切线弹性模量 E_t，并利用应变增量张量 $\{\Delta\boldsymbol{\varepsilon}\}$ 计算初始应力增量张量 $\{\Delta\boldsymbol{\sigma}^*\}=[\boldsymbol{D}(\{\boldsymbol{\sigma}_t\})]\{\Delta\boldsymbol{\varepsilon}\}$。

（2）更新初始应力张量 $\{\boldsymbol{\sigma}^*\}=\{\boldsymbol{\sigma}_t\}+\{\Delta\boldsymbol{\sigma}^*\}$。

（3）计算平均应力张量 $\{\overline{\boldsymbol{\sigma}}\}=1/2\{\boldsymbol{\sigma}_t\}+\{\boldsymbol{\sigma}^*\}$，确定中点切线弹性模量 $\overline{E}$，从而计算中点刚度矩阵 $[\boldsymbol{D}(\{\overline{\boldsymbol{\sigma}}\})]$。

（4）利用应变增量 $\{\Delta\boldsymbol{\varepsilon}\}$，计算应力增量 $\{\Delta\boldsymbol{\sigma}_{t+\Delta t}\}=[\boldsymbol{D}(\{\overline{\boldsymbol{\sigma}}\})]\{\Delta\boldsymbol{\varepsilon}\}$。

（5）更新应力张量 $\{\boldsymbol{\sigma}_{t+\Delta t}\}=\{\boldsymbol{\sigma}_t\}+\{\Delta\boldsymbol{\sigma}_{t+\Delta t}\}$。

参考文献

[1] 郭天文. TC4 钛合金板材热拉深成形数值模拟与试验研究 [D]. 哈尔滨：哈尔滨工业大学，2008.

[2] KARBASIAN H, TEKKAYA A E. A review on hot stamping [J]. Journal of Materials Processing Technology, 2010, 210 (15)：2103-2118.

[3] 闫洪，窦明民，李和平. 二氧化锆陶瓷的相变增韧机理和应用 [J]. 陶瓷学报，2000，21 (1)：46-50.

[4] 何顺爱. 氧化锆纤维和制品的制备及烧结研究 [D]. 北京：中国建筑材料科学研究总院，2008.

[5] ZHAO C. Solid Granules Medium Forming Technology and its Numerical Simulation [J]. Journal of Mechanical Engineering, 2009, 45 (6)：211-215.

[6] 赵长财. 固体颗粒介质成形新工艺及其理论研究 [D]. 秦皇岛：燕山大学，2006.

[7] GRÜNER M, MERKLEIN M. Numerical simulation of hydro forming at elevated temperatures with granular material used as medium compared to the real part geometry [J]. International Journal of Material Forming, 2010, 3 (1)：279-282.

[8] 刘成宇. 土力学 [M]. 北京：中国铁道出版社，2000.

[9] NOVA R, MONTRASIO L. Settlements of shallow foundations on sand [J]. Géotechnique, 1991, 41 (2)：243-256.

[10] DRESCHER A, BIRGISSON B, SHAH K. A model for water saturated loose sand [J]. Numerical models in geomechanics V. Edited by GN Pande and S. Pietruszczak. AA Balkema, Rotterdam, The Netherlands, 1995, 228：109-112.

[11] GAJO A, WOOD M. Severn-Trent sand：a kinematic-hardening constitutive model：the q-p formulation [J]. Géotechnique, 1999, 49 (5)：595-614.

[12] MENETREY P, WILLAM K J. Triaxial failure criterion for concrete and its generalization [J]. Aci Structural Journal, 1995, 92 (3)：311-318.

[13] 孔位学，芮勇勤，董宝弟. 岩土材料在非关联流动法则下剪胀角选取探讨 [J]. 岩土力学，2009，30 (11)：3278-3282.

[14] DONG G J, ZHAO C C, CAO M Y. Flexible-die forming process with solid granule medium on sheet metal [J]. Transactions of Nonferrous Metals Society of China, 2013, 23 (9)：

2666-2677.

[15] DRUCKER D C, PRAGER W, Greenberg H T. Extended limit design theorems for continuous media [J]. Quarterly of Applied Mathematics, 1952, 9 (4): 381-389.

[16] LADE P V. Elasto-plastic stress-strain theory for cohesionless soil with curved yield surfaces [J]. International Journal of Solids and Structures, 1977, 13 (11): 1019-1035.

[17] MOLENKAMP F, LUGER H J. Modelling and minimization of membrane penetration effects in tests on granular soils [J]. Geotechnique, 1981, 31 (4): 471-486.

[18] NOVA R, WOOD D M. A constitutive model for sand in triaxial compression [J]. International Journal for Numerical and Analytical Methods in Geomechanics, 1979, 3 (3): 255-278.

[19] LADE P V, KIM M K. Single hardening constitutive model for soil, rock and concrete [J]. International Journal of Solids and Structures, 1995, 32 (14): 1963-1978.

[20] M GRÜNER, M MERKLEIN. Numerical simulation of hydro forming at elevated temperatures with granular material used as medium compared to the real part geometry [J]. International Journal of Material Forming, 2010, 3 (1): 279-282.

[21] UNCAN J M, CHANG C Y. Nonlinear analysis of stress and strain in soils [J] . Journal of the soil mechanics and foundations division, 1970, 96 (5): 1629-1653.

[22] JANBU N. Soil compressibility as determined by oedometer and triaxial tests [J]. Proceedings of the European conference on soil mechanics and foundation engineering, 1963, 1: 19-25.

第 7 章

高温固体颗粒介质成形试验

7.1 / 试验条件介绍

7.1.1 颗粒介质成形模具设计

钛合金板材高温成形模具与常温条件下的成形模具不同，需要结构设计简单可靠，并防止由于模具内部温度梯度的存在而可能出现的热应力甚至破坏现象；由于模具需长时间在高温条件下工作，模具部分结构会承受较大的压力，因此所选成形模具材料需具有一定的高温强度，并具有良好的防氧化性能。另外，模具与成形板坯间润滑方式的选择也是需重点考虑的因素之一。

为了符合本研究中钛合金高温条件下颗粒介质成形试验要求，特别设计的颗粒介质成形模具工装及实物图如图 7-1 和图 7-2 所示。模具工装由隔热垫板、通用凹模座、镶嵌式凹模、盛料筒、凸模压柱及凸模压块组成。其中，通用凹模座上表面加工有宽度 27mm、深度 50mm 的加热丝槽，用以嵌入镍铬合金电热丝；隔热垫板采用耐高温陶瓷材料制造，用以降低热传导并承受成形压力的作用；镶嵌式凹模安置于通用凹模座内，可以根据所加工的不同零件进行更换，从而降低模具制造成本；凸模压块由耐高温内六角螺栓固定于凸模压柱底部，并随主缸横梁一起运动；盛料筒与坯料、凸模压块形成颗粒介质封闭空间，盛料筒下表面与坯料接触，起到压边圈作用。

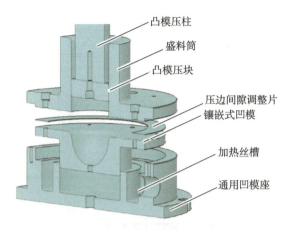

图 7-1　颗粒介质成形模具工装剖视图

图 7-2　颗粒介质成形模具实物图

为了研究不同压块形状对颗粒介质传压性能的影响，本章设计了 3 种不同形制的凸模压块零件如图 7-3 所示。图中凸模压块 a 底部为平面，凸模压块 b、c 底部分别具有圆台及圆柱状凸起。根据所选颗粒介质粒度特点（直径 Φ = 1mm），为保证试验模具对颗粒介质的密封性能，并使凸模压块可在盛料筒中自由滑动，设计盛料筒及凸模压块间配合间隙 δ<0.5mm。本研究选用了航空航天领域常见的抛物面形零件作为颗粒介质成形工艺验证件，该验证件高度为 55mm，宽口直径为 90mm。若采用直接拉深工艺制造，很容易出现起皱现象。

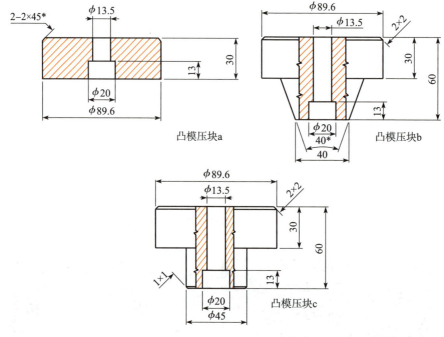

图 7-3　3 种凸模压块尺寸

钛合金热成形温度较高（可达 550~850℃），在此选择中硅钼铸铁作为模具材料。中硅钼铸铁具有良好的高温强度、抗氧化性及较好的热稳定性，在高温成形模具中得到了广泛应用。通过在中硅球铁中加入一定量的钼元素，可起到固溶强化的作用，并能显著提高球墨铸铁的抗热冲击、抗蠕变等高温性能。

板坯与模具之间润滑采用胶体石墨水剂。使用前，先将石墨润滑剂涂抹于板料上下表面，待润滑剂晾干后备用。该润滑剂的主要成分为经微细粉碎后的石墨材料，其具有良好的润滑性及耐高温性，同时，覆盖于板料表面的润滑剂还可起到防氧化作用。

7.1.2　机架及加热系统设计

高温颗粒介质成形试验在北京航空航天大学 YRJ-50 拉深试验机上进行。试验机机架（图 7-4）由主缸、主缸横梁、压边缸、工作台面等组成。其中，压边缸固定于主缸横梁上，并随主缸一起运动。在成形零件时，压边缸首先与试验模具中盛料筒接触,并提供足够压边力,同时主缸继续下行,推动压块挤压颗粒介质成形零件。试验设备中主缸最大压力为50t,有效工作台面尺寸为480mm×480mm,可以满足成形试验的需要。

图7-4 试验机机架

为了提高加热效率,本试验中采用模具加热方式,利用在通用凹模座上嵌入的镍铬合金加热丝加热模具及板料。加热丝表面紧密套有绝缘陶瓷环,用以防止加热丝与模具内表面接触。温度测量装置采用铠式热电偶,伸入加热槽内测量模具温度。温控系统采用PID调节方式,并利用一套降压变压器提高加热元件中电流强度。本试验中保温及加热系统示意图如图7-5所示。在试验过程中,成形模具外放置有保温炉壳(图7-4),仅起到保温作用,炉壳与模具间空隙填充陶瓷纤维棉,使模具加热过程中的耗散热量进一步降低。

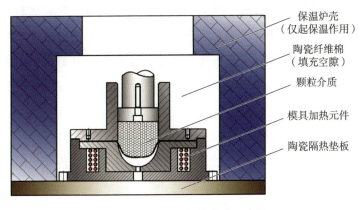

图7-5 保温及加热方式示意图

7.2　颗粒介质成形试验结果及分析

7.2.1　TA1 板材常温条件下颗粒介质成形试验

在常温条件下，选用直径为 170mm、厚度为 1.0mm 的钛合金 TA1 板材，进行了抛物形零件的颗粒介质成形试验。在试验过程中，压边间隙取 1.1 倍料厚，陶瓷颗粒介质装料高度为 60mm，采用如图 7-6 所示的 a 型平底凸模压块，仍采用石墨润滑方式，所成形的不同拉深高度 H 下的零件如图 7-6 所示。可见，颗粒介质成形工艺所拉深出的零件底部呈近似于球面的穹顶结构，并具有良好的外表面质量。

（a）H=28.2mm

（b）H=48.0mm

图 7-6　常温条件下颗粒介质成形零件

另外，需要指出的是，采用传统拉深成形工艺制造此类具有锥形特征的零件时很容易出现起皱等缺陷。图 7-7 所示为传统拉深工艺与颗粒介质成形工艺成形锥形零件受力图示。当采用传统拉深工艺时，在拉深中间过程中板料会出现受力悬空区，即板料两边无任何法向支撑，此处材料微元体在径向受拉、周向受压，为起皱危险区域。图 7-8 所示为采用传统拉深工艺成形的起皱严重的 2024-O 铝合金锥形整流罩缩比件图片。其中 2024-O 铝合金板料厚度为 0.5mm。可见，当拉深深度较浅、法兰处坯料尚未完全流入凹模时，零件凹模圆角附近悬空区已出现较为严重的死皱，即采用传统拉深工艺无法实现该类锥形零件单道次高质量成形。

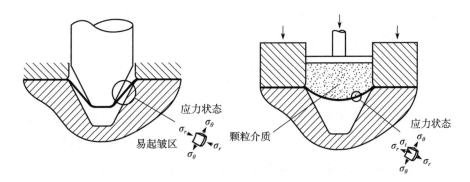

图 7-7　传统拉深工艺与颗粒介质成形工艺成形锥形零件受力图示

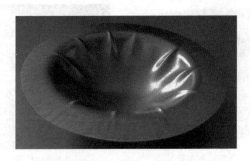

图 7-8　2024-O 铝合金锥形整流罩缩比件图片

而采用具有流动性的固体颗粒介质代替刚性凸模成形零件时，在坯料变形过程中，柔性凸模随着材料的变形而不断改变底部外形轮廓，并保证了板材在厚度方向受到了有益的法向应力作用，此时，零件变形区材料微元体处于双向拉伸应力状态，极大地降低了起皱趋势，进而提高了成形性。此外，不同于充液成形技术中的主动式胀形工艺，在颗粒介质成形工艺中无须将法兰处坯料完全压死密封，即在给定适当压边间隙条件下，法兰处坯料可向凹模处自由流动，这进一步提高了该工艺对薄壁类零件的成形性能。

在颗粒介质成形工艺中，大量的颗粒体挤压坯料一侧表面，形成等效拉深力，有效避免了充液、气胀等成形工艺中较难处理的密封问题。然而试验中所用颗粒体为具有一定宏观尺寸的坚硬质点，势必会对所接触坯料表面质量产生负面影响。为了改善颗粒介质成形零件内表面质量，本节对板料与颗粒间垫层材料进行了初步研究。通过在成形板料与颗粒介质间铺放不同厚度的铜箔片，验证铜箔垫层对颗粒介质成形工艺表面质量的改善程度。

利用 0.2mm 及 0.1mm 铜箔垫片，在相同拉深高度条件下（均为 48.0mm 左右）所成形零件内表面如图 7-9 所示。可见，相比于采用 0.1mm 铜箔垫片，使用 0.2mm 铜箔垫片的零件底部中心区域内表面质量有一定程度的改善，但是在凹模圆角区域，仍然出现了数量较多，深度不一的坑洞。图 7-10 所示为成形试验后取出的 0.1mm 铜箔垫片。可见，由于塑性较差，铜箔在变形及摩擦程度较为剧烈的凹模圆角区域发生了严重破裂。因此，本研究认为，采用铜箔垫片难以对颗粒介质成形零件内表面所有变形区域有充分保护，在成形过程中宜采用延伸率更好、厚度较大的板材作为垫层材料。

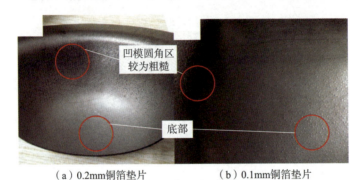

（a）0.2mm 铜箔垫片　　　　　（b）0.1mm 铜箔垫片

图 7-9　成形内表面质量

图 7-10　成形工艺试验后的 0.1mm 铜箔垫片

为了评估本书第 8 章颗粒介质成形工艺仿真计算精度，本节采用三坐标测量仪，对图 7-6 所示常温条件下颗粒介质成形零件进行了外轮廓尺寸测量，得到外形轮廓如图 7-11（a）所示。从图 7-11（a）中可以看到，在拉深过程中，零件底部一直保持光滑弧面，随着拉深深度的不断增加，零件底部弧面曲率半径逐渐减小。

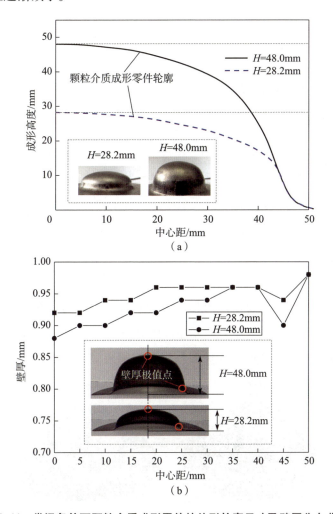

图 7-11 常温条件下颗粒介质成形零件的外形轮廓尺寸及壁厚分布曲线

用线切割法将成形零件沿中央对称面剖开，利用卡尺测量零件底部距中心轴不同位置处壁厚值，得到零件壁厚分布曲线如图 7-11（b）所示。可见，采用颗粒介质成形的零件底部变形均匀，壁厚分布一致性较好，以易流动的颗粒介质代替刚性凸模，显著消除了坯料在凸模圆角等受力集中区域处容易出现的严重变薄现象。另外，从图 7-11（b）中可以观察到，采用主动式颗粒介质成形工艺成形出的零件具有两处壁厚极值点（图 7-11（b）中圆圈所示)。其中一处位于零件底部中央,该处材料受双向等轴拉伸应力作用,属于变形较大的区域;另一处在凹模口附近,该处材料受到了颗粒介质与成形模具间双向挤压力作用,因而出现了较高的摩擦阻力,从而增加了材料流动难度,导致该处材料具有较大的减薄量。

7.2.2　TA1 板材高温条件下颗粒介质成形试验

利用颗粒介质成形试验装置,进行了 500℃条件下 TA1 板材的高温成形试验。试验中坯料直径为 170mm,压边间隙仍取 1.1 倍料厚,颗粒介质装料高度为 60mm。另外,为了研究不同压块形状对颗粒介质传压性能的影响规律,试验过程中采用了 3 种凸模压块,在设备主缸压力 40t 条件下所成形出的零件如图 7-12 所示。可见,所成形零件表面光滑,无起皱现象。在 40t 主缸压力作用下,3 种凸模压块所成形零件高度分别为 50.0mm、52.6mm、55.1mm,可知凸模压块底部形状的确对颗粒介质成形性能有一定影响,通过选用具有凸起结构的凸模压块可以改善颗粒介质的压力分布,进而提高施加于板材变形区域的有效作用力。另外,从图 7-12 中也可以看出,本研究中所使用的水基石墨润滑剂可以为坯料与模具间提供较好的高温润滑效果,成形出的零件在与凹模圆角接触的区域仍然具有良好的表面质量。

(a)凸模压块a

(b)凸模压块b

(c)凸模压块c

图 7-12　500℃条件下成形出的 TA1 零件

图 7-13 所示为 500℃ 条件下成形出的零件中央对称面轮廓曲线与壁厚分布曲线。从图 7-13（a）可以观察到，与常温条件下成形出的零件类似，在高温条件下零件底部外形轮廓仍为圆弧面，随着拉深深度的不断增加，零件底部轮廓曲率不断增大，最终与凹模型面贴合。由图 7-13（b）可知，3 种凸模压块所成形的零件底部中央最小壁厚分别为 0.90mm、0.88mm、0.88mm，结合图 7-13（a）中零件成形过程中轮廓曲线变化趋势可进一步验证 7.2.1 节所述颗粒介质成形工艺坯料的变形特征，即不同于主动式充液/气胀成形工艺，坯料变形不是通过变薄拉深实现的，成形过程中伴随着坯料的流动，从而使

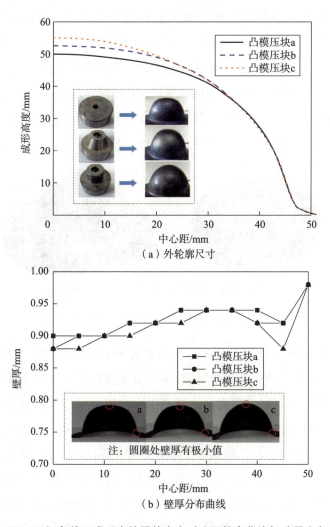

(a) 外轮廓尺寸

(b) 壁厚分布曲线

图 7-13　500℃条件下成形出的零件中央对称面轮廓曲线与壁厚分布曲线

板材具有更加均匀的壁厚分布。另外，在零件凹模圆角附近也出现了壁厚极小值点，产生原因同样为此处材料较大的摩擦阻力。综合图7-13（a）~（b）可以看出，由凸模压块c所成形出的零件最小壁厚达0.88mm，此时坯料仍有较大变形潜力，其极限成形高度还可进一步提高。

7.2.3 TC4板材高温条件下颗粒介质成形试验

由于TA1板材塑性较好，在常温条件下采用传统成形工艺即可实现复杂薄壁类零件的加工制造，为了进一步验证高温颗粒介质成形工艺优势，本研究选用了常温条件下塑性较低的TC4板材进行了相关工艺试验。试验所用TC4板材由宝钛集团有限公司提供，厚度为1.0mm，颗粒介质成形试验中坯料直径为170mm，压边间隙仍取1.1倍料厚，颗粒介质装料高度为60mm，润滑方式仍采用石墨润滑剂。使用凸模压块a及凸模压块c，设定主缸最大压力40t，在500℃条件下成形出的零件如图7-14所示。可见，成形出的TC4零件底部平整，无起皱现象，并具有较好的表面质量。

（a）凸模压块a　　　　　　（b）凸模压块c

图7-14　500℃条件下成形出的零件

利用三坐标测量仪测得的零件对称面轮廓曲线如图7-15所示。另外，图7-15中也标注了使用凸模压块a，采用其他相同工艺参数条件下所成形出的TA1零件轮廓曲线。可以看出，对于TC4材料，采用底部具有圆柱凸起的凸模压块c同样提高了拉深深度（凸模压块a、凸模压块c所对应零件高度分别为39.6mm、43.5mm）；相比图中所示的TA1零件，采用颗粒介质成形工艺拉深出的TC4零件底部较为平坦，曲率较大，这种差异源于两种材料具有不同的流动应力水平，进而在与颗粒介质相互作用下出现了不同的形状差异。可以判断，当所成形坯料屈服强度更低时，零件底部变形区轮廓更接近于球面；并且在相同的拉深力作用下，坯料屈服强度越低，拉深深度越大。

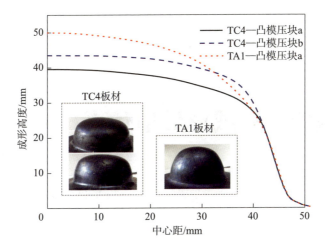

图 7-15　利用三坐标测量仪测得的对称面轮廓曲线

固体颗粒介质成形数值仿真技术

8.1 耦合欧拉-拉格朗日算法介绍

8.1.1 欧拉描述与拉格朗日描述

有限元方法的重要理论基础是连续介质力学,即认为所研究实体完全占据了其所在的三维空间,因此可采用连续函数来描述实体的各项物理性质。而在连续介质力学中,所述实体运动可有两种方法:拉格朗日法和欧拉法。

拉格朗日描述是以实体质点为研究对象,即在实体变形过程中始终关注于每个实体质点变化情况,通过研究每一时刻质点的位置、速度、加速度信息来对实体运动进行表征。实体中包含有无数个质点,为了区分这些质点,拉格朗日法以某一时刻 t_0 时的质点所在初始位置坐标(也称为物质坐标)$X_0 = (a, b, c)^\mathrm{T}$ 作为该质点的唯一标记(图8-1),实体中包含的所有质点都有一组不同的位置坐标值 X_0,因此其各项物理量可表示为

$$f = f(X_0, t) \tag{8.1}$$

随着实体的不断变形,到下一个时刻 t 时,每个实体质点在三维空间中具有了新的坐标 X,其位置函数 r 为初始位置坐标及时间的函数,即

$$r = r(X_0, t) \tag{8.2}$$

将位置函数对时间求导,可得质点速度函数 v 为

$$v = v(X_0, t) = \frac{\partial \sigma}{\partial t} \tag{8.3}$$

则实体变形梯度矩阵 F 可表示为

$$F = \frac{\partial \sigma}{\partial X_0} \tag{8.4}$$

有限元计算中常用的 Green 应变张量 E 因此可表示为

$$E = \frac{1}{2}(F^T F - I) \tag{8.5}$$

当采用拉格朗日法描述实体运动时，需要对每个实体质点进行跟踪，当实体质点运动轨迹较为复杂或变形程度较为剧烈时，采用这种描述方式则会产生较大的计算工作量。不同于拉格朗日法，欧拉描述并不关注于每个实体质点，而是对实体所占空间中的固定点进行研究，在不同时刻，这些空间点分别由不同的实体质点占据，实体各项物理量以空间坐标 X 及时间 t 表示（图 8-1），即

$$f = f(X, t) \tag{8.6}$$

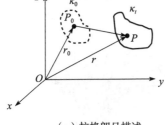

（a）拉格朗日描述

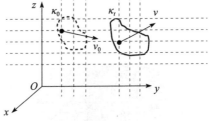

（b）欧拉描述

图 8-1　拉格朗日描述与欧拉描述

因此，实体各项物理量形成的物理场在三维空间及时间域上连续分布，通过掌握物理量场变化规律可以进一步对实体流动行为进行计算。该描述法在流体力学领域中获得了较为广泛的应用。

8.1.2　颗粒介质成形过程耦合欧拉-拉格朗日仿真建模

目前，在板材成形过程仿真分析中大量采用拉格朗日单元描述法，该方法可以较为精确地捕捉板材在变形过程中的外部边界信息，并且可以实现板

坯与模具间的复杂接触计算，而对颗粒介质成形过程而言，若仍采用传统拉格朗日单元，颗粒介质网格在变形中往往会发生严重畸变（图 8-2），大大降低了计算精度，甚至出现计算不收敛现象。实际上，颗粒介质在成形过程中更多地表现出类似于流体介质特征，因此更适用于利用欧拉单元进行描述。Arienti 等也指出，工程领域遇到的相当多的分析问题并不能单纯地用欧拉法或拉格朗日法进行独立描述，而是需要两者的综合。可喜的是，ABAQUS 有限元软件提供了拉格朗日单元与欧拉单元两种单元描述形式，并且这两种单元计算模型可包含于同一个算例中，并且可以对两种模型之间接触摩擦等耦合作用进行分析。从图 8-2 中也可看出，当两种单元计算模型发生较为扭曲的变形时，欧拉单元节点在三维空间中位置固定，因此无论计算模型发生任何程度的变形，单元始终保持原始形态，并不会产生因网格畸变而造成的数值计算误差。

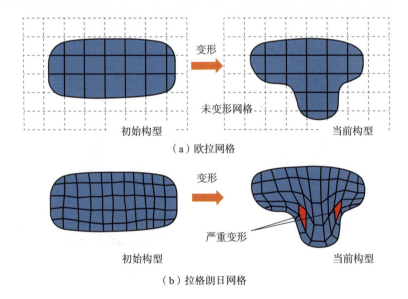

图 8-2　欧拉描述与拉格朗日网格变形对比

利用 ABAQUS 有限元软件，本节建立了耦合欧拉-拉格朗日单元计算模型，其示意图如图 8-3 所示。根据第 7 章介绍的颗粒介质成形试验模具尺寸，建立了其所对应的盛料筒、镶嵌式凹模、凸模压块的面单元刚体模型；成形坯料采用 4 节点带减缩积分的 S4R 拉格朗日单元进行描述；颗粒介质以三维 8 节点欧拉单元 EC3D8R 表示。考虑到计算模型关于 Y 轴对称，因此仅建立了

1/4 部分进行计算。

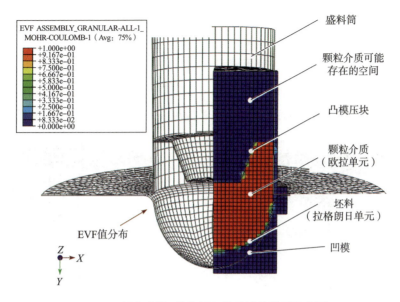

图 8-3　耦合欧拉-拉格朗日单元计算模型示意图

前已述及，采用欧拉法描述实体运动时以空间中节点坐标为计算依据，材料在三维空间中可进行任意程度的运动及变形，因此，为了对材料流动状态有完整表述，颗粒介质所有可能到达的空间都需建立相应欧拉网格。由于欧拉单元节点不随材料一同流动，因此在每一分析步中，算法需首先计算出欧拉体外部边界，并建立欧拉体与其他实体间摩擦对，从而对模型间的接触行为进行计算。在此根据 Chen 等试验结果，设置拉格朗日体与欧拉体间的摩擦系数为 0.23。在 ABAQUS 软件中，以欧拉体积分数（Eulerian Volume Fraction，EVF）来表征欧拉单元内部材料填充情况，当欧拉单元内部被实体材料完全填充时，EVF=1；当欧拉单元内部完全为空时，EVF=0。

8.2　常温条件下耦合欧拉-拉格朗日算法计算结果与分析

8.2.1　常温条件下耦合欧拉-拉格朗日算法变形分析

利用耦合欧拉-拉格朗日（CEL）算法，对 7.2.1 节所述的常温条件下颗粒介质成形过程进行了仿真分析。计算模型使用平底凸模压块,装料高度、坯料直径及模具尺寸等与真实试验相同,利用莫尔-库仑模型计算得到的不同零件拉深深度条件下颗粒介质变形情况如图8-4所示。可见,采用CEL算法可以模拟颗粒介质及板料的变形流动过程,并且颗粒介质与板坯之间的相互作用也得到了体现。在压块下行过程中,颗粒介质不断挤压板材变形,坯料底部在拉深中间阶段呈弧面,并且随着拉深深度的不断增大,该圆弧面曲率

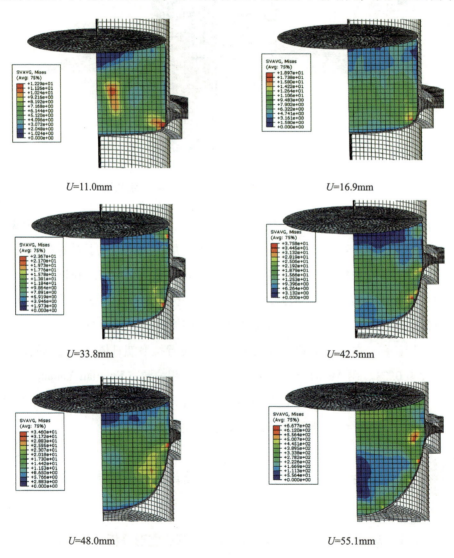

图8-4 不同零件拉深深度下颗粒介质变形情况（$\psi=0°$）

也逐渐增大,最终与模具凹模型面贴合,这也与第7章介绍的颗粒介质成形试验中观察到的现象一致。另外,还可以看到,在整个成形过程中,无论颗粒介质实体经受多大程度的变形,欧拉单元网格仍然在三维空间中呈规则分布,无任何网格变形,从而提高了该算法的计算精度。

8.2.2 颗粒介质成形过程剪胀行为研究

第6章介绍了两种岩土材料的弹-塑性模型,它们都采用非关联性流动法则以确定塑性流动方向,在上述流动法则中,塑性流动势面相对于静水压应力线张角以剪胀角 ψ（莫尔-库仑模型）及 γ（德鲁克-普拉格模型）表示。但在前述研究中仅仅确定了莫尔-库仑模型及德鲁克-普拉格模型内摩擦角及内聚力取值,而两个模型中与流动法则相关的剪胀角具体数值并未给出,而该参数对颗粒介质变形计算中结果影响较大。事实上,仅仅采用第6章颗粒介质三轴围压试验难以精确获取相应条件下的剪胀角数值。

在国内外颗粒介质成形仿真技术相关研究中,该参数受到的关注较少,仅有的论述如Dong等于2013年所发表的研究报告,他们采用了孔位学等的研究成果,认为在非关联性流动法则中,剪胀角应取内摩擦角的一半,即 $\psi = 1/2\varphi$（莫尔-库仑模型）, $\gamma = 1/2\beta$（德鲁克-普拉格模型）。但是,该取值是否合理并未经过试验的验证。本节通过跟踪颗粒介质体积变化规律对弹塑性流动法则中剪胀角取值进行了分析。

图8-5所示为莫尔-库仑与德鲁克-普拉格两种弹-塑性本构模型剪胀角取不同数值时计算得到的颗粒介质相对体积 V/V_0 随压块行程的变化情况。在初始变形阶段,由于材料未进入塑性区,各个算例中颗粒介质由于弹性压缩效应而产生了体积收缩现象,随着变形程度的不断增大（压块行程超过约5mm时）,颗粒介质模型进入塑性区,此时不同剪胀角对应的相对体积变化曲线出现了显著的差异。对于每种模型而言,当剪胀角取0值时,颗粒介质在塑性阶段相对体积变化可以忽略;当剪胀角取1倍内摩擦角时,其相对体积随着变形程度的增大迅速增加。例如,对于莫尔-库仑模型,当凸模压块行程到达约17.5mm时,颗粒体积增加比例超过了10%,此时仿真计算出现了不收敛现象;当剪胀角取1/2内摩擦角时,其相对体积变化情况介于上述两个

算例之间，最终介质体积增加比例仍达12%。

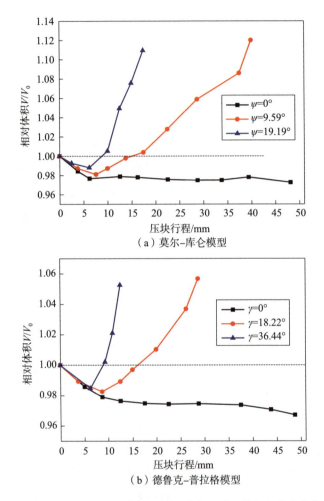

图8-5　不同剪胀角对应颗粒介质相对体积随压块行程的变化情况

综上，弹-塑性流动模型中剪胀角对模拟结果起到了极为重要的作用，合理选择剪胀角是保证仿真分析准确性的前提。下面，本节结合岩土材料剪胀机理确定该参数取值。

图8-6所示为岩土材料剪胀现象图示。在材料变形前，岩土颗粒与颗粒之间堆叠紧密，当该岩土材料受到图8-6中所示方向的剪切应力作用时，其原始紧密堆积状态发生了改变，考虑到岩土颗粒具有一定强度，为了满足变形协调性需要，颗粒与颗粒间相对位置出现重新排列。此时，颗粒间空隙增

大，原始紧密堆积状态被打破，岩土体积也发生了一定程度的膨胀，由于该变形不可恢复，因此在模拟过程中以塑性变形表征。剪胀效应在岩土工程领域中是一种十分重要的现象，在地基沉降、坝体变形等工程实例计算中均需要考虑该因素对岩土变形状态的影响。但是，上述岩土计算工况中所涉及的变形程度较低，其应变水平一般不超过15%。对于颗粒介质成形过程而言，其变形程度却远大于该量级。仿真分析发现，在凹模圆角等区域，颗粒介质变形应变值甚至超过了100%。因此，如果按照传统岩土力学研究观点仍然考虑剪胀效应的话，模拟结果与真实情况会出现严重偏离。事实上，对于所选颗粒介质，其在成形过程中保持完整球体，当变形开始颗粒介质内部呈较为紧密的堆积状态时，若颗粒与颗粒之间发生相对的错动，在变形初始阶段（应变不超过15%左右）颗粒介质体积会有一定程度的膨胀，但随着变形的继续，这种膨胀现象不会持续，即在不影响最终计算精度的前提下，需要假设颗粒介质体积不变。

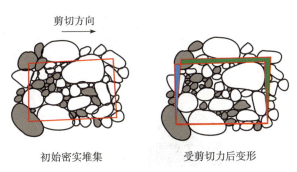

图 8-6　岩土材料剪胀现象图示

综上，考虑到颗粒介质成形过程特殊性，莫尔-库仑与德鲁克-普拉格两种弹-塑性模型中剪胀角数值均应设为0。

8.2.3　常温条件下耦合欧拉-拉格朗日算法计算精度评估

为了评估第6章所建岩土模型准确性，采用莫尔-库仑、德鲁克-普拉格及邓肯-张3种材料模型进行了颗粒介质成形过程仿真计算。图8-7所示为当零件底部拉深深度分别为28mm及48mm左右时，零件外形轮廓尺寸与真实零件测量值对比曲线。可见，当压块行程为28mm时，邓肯-张非线性弹性模型具有最佳的预测精度，而莫尔-库仑模型计算结果与真实值有一定偏差；当压块行程为 48mm 时，3 种材料模型计算得到的外形轮廓均与试验测量数据较为接近。

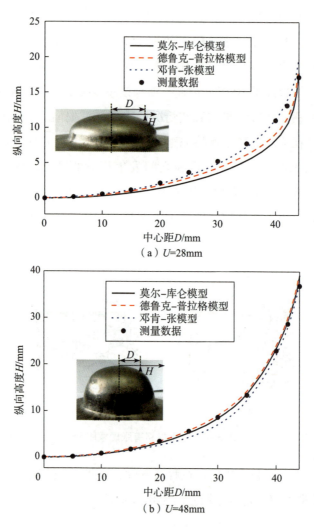

图 8-7　零件外形轮廓尺寸与真实零件测量值对比曲线

图 8-8 所示为利用 3 种材料模型计算得到的壁厚分布云图。可见，采用颗粒介质代替刚性凸模成形零件，显著地降低了刚性凸模所引起的坯料受力集中区的严重变薄现象，进而提高了成形极限。图 8-9 所示为在拉深深度分别为 28mm 及 48mm 左右时利用 3 种材料模型计算得到的壁厚沿节点分布曲线。从

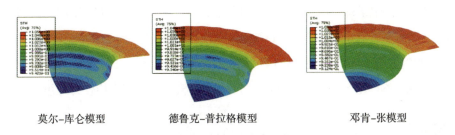

图 8-8　3 种材料模型计算得到的壁厚分布云图

图 8-9 中可以看到，当拉深深度为 28mm 时，3 种模型均能较为精确地计算出板料壁厚分布规律，并且计算出了在底部中央及凹模圆角附近出现的两处壁厚极

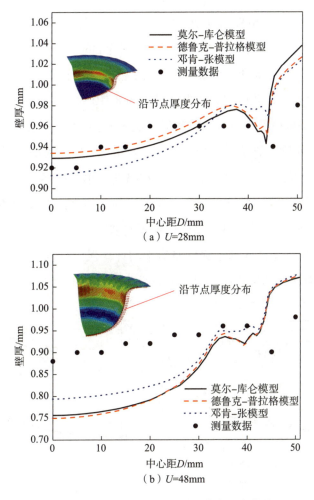

图 8-9　3 种材料模型的壁厚沿节点分布曲线

小值点；当拉深深度为48mm时，3种模型计算结果与试验测量值出现了一定程度的偏差，其中邓肯-张模型与试验测量结果最为接近。经分析可知，莫尔-库仑、德鲁克-普拉格及邓肯-张3种材料模型对零件底部中央壁厚值平均计算误差分别为7.54%、8.21%、5.33%。可见，3种模型计算精度均较为理想。

8.3 基于传统拉格朗日算法对比研究

8.3.1 小变形条件下计算精度分析

本节利用传统拉格朗日单元对颗粒介质成形过程进行了有限元分析。图8-10所示为常温条件下零件拉深深度分别为28mm及48mm时采用拉格朗日单元的零件外形轮廓计算结果与真实测量数据对比曲线。由于采用邓肯-张模型计算不收敛，未获取理想数据，因此图8-10中的曲线只有莫尔-库仑模型、德鲁克-普拉格模型两组计算数据。从图8-10中可以看出，上述两种模型的零件外形轮廓计算结果与CEL算法计算结果一致。图8-11所示为不同拉深深度下零件壁厚计算结果。由于采用拉格朗日单元描述的颗粒介质模型在凹模圆角处网格发生了畸变，导致坯料与颗粒介质之间在该处的接触计算出现问题，从而影响到了坯料在该处的壁厚计算精度。莫尔-库仑模型、德鲁克-普拉格模型对零件底部中央壁厚值平均计算误差分别为11.4%、10.9%，与采用CEL算法的算例相比，传统拉格朗日算法壁厚值预测精度较低。

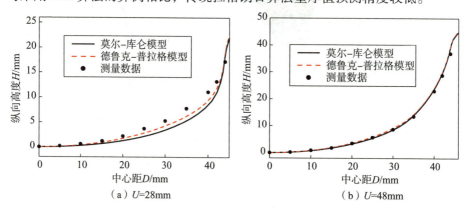

图8-10 采用拉格朗日单元的零件外形轮廓计算结果与真实测量数据对比曲线

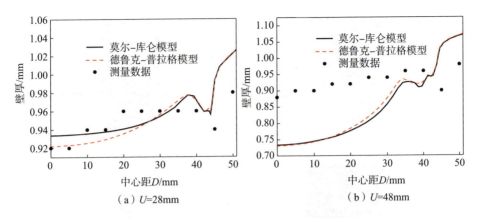

图 8-11 不同拉深深度下零件壁厚计算结果

8.3.2 大变形条件下网格变形分析

上述模拟过程中采用了平底的凸模压块 a，在该算例下单元网格未出现较为严重的畸变，仅在凹模圆角处网格有一定程度的扭曲，与试验结果相比，计算得到的零件外形轮廓精度较高，而壁厚值精度一般，显示了拉格朗日单元对颗粒介质成形过程仍具有一定适应性。

为了进一步验证拉格朗日单元变形特征，本节利用了具有圆台状凸起结构的凸模压块 b 对颗粒介质成形过程进行了仿真计算，得到不同拉深深度条件下等效应力分布云图如图 8-12 所示。可见，当拉深深度为 12.9mm 时，网格变形已较为剧烈；而当拉深深度为 48mm 时，圆圈中所示中网格出现了严重的畸变，网格节点被凸模撕扯，单元长宽比大于 10，此时扭曲畸变网格已无法保证计算精度。因此，当所模拟材料具有较大变形时，传统拉格朗日单元计算效能将会显著降低。

图 8-13 所示为利用耦合欧拉-拉格朗日单元计算得到的不同拉深深度下颗粒介质等效应力分布云图。从图 8-13 中可以看到，在实际变形比较剧烈的凸模压块底部尖角处，采用欧拉单元描述的颗粒介质并没有因此而发生应力集中或网格畸变现象，材料可在空间中固定的欧拉单元内自由流动，从而进一步证明了欧拉单元在颗粒介质变形计算上的优越性。

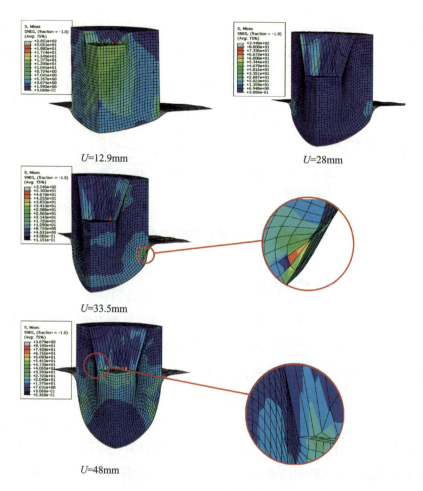

图 8-12 不同拉深深度条件下等效应力分布云图（采用凸模压块 b）

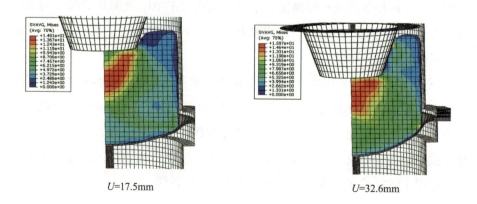

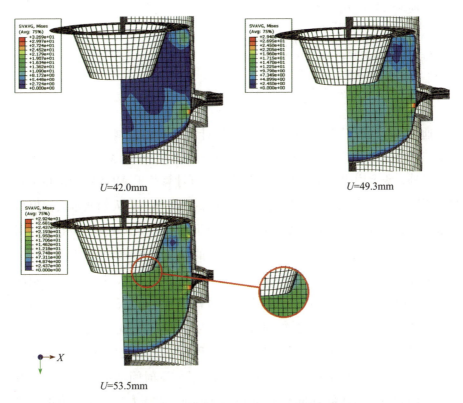

图 8-13 利用耦合欧拉-拉格朗日单元计算得到的颗粒介质等效应力分布云图（采用凸模压块 b）

8.4 / 高温黏塑性统一本构模型计算及验证

8.4.1 利用动态显式算法计算黏塑性本构模型时的几点考虑

在计算模型中，坯料以传统拉格朗日单元表示，材料模型采用 VUMAT 子程序描述；颗粒介质以欧拉单元表征，选择莫尔-库仑、德鲁克-普拉格及邓肯-张 3 种材料模型分别进行计算。需要说明的是，当材料选择邓肯-张模型描述颗粒介质变形时，计算算例内部则出现了黏塑性模型与非线性弹性模型两种材料子程序。为了使计算程序区分两种模型，本研究在 VUMAT 子程序中添加下述判断语句。

```
if(cmname(1:4).eq.'VISC')then
cc 利用黏塑性模型计算
        call    vumat_visco(变量列表)
else if(cmname(1:4).eq.'DUNC')then
cc 利用非线性弹性模型计算
        call    vumat_duncan(变量列表)
endif
```

通过在 VUMAT 子程序中判断当前所计算模型的材料名称 cmname(*)，分别执行各自材料所属的子程序 vumat_visco(*) 与 vumat_duncan(*)。

另外，需要说明的是，本节塑性成形仿真计算基于 ABAQUS/Explicit 动态显式算法，为了提高该类准静态有限元模拟的计算效率，人们通常大幅提高成形过程的加载速度，当加载速度的提高不至于使系统惯性效应占主导时，高速加载得到的结果可近似代替缓慢加载条件下的计算结果。该处理方法在板材冲压成形仿真计算中得到了广泛的应用，然而对于本例而言，TA1 高温黏塑性本构模型流动应力计算结果强烈依赖于成形过程的加载速率，因此，如果对高速加载条件不做任何处理，计算得到的材料各内变量将会出现严重错误。

为了解决这一问题，本节在 VUMAT 子程序中提出时间影响因子 time_factor，在应力更新计算中不直接使用程序输入的实际时间增量值 dt，而采用重新计算的虚拟时间增量 virtual_dt=time_factor×dt。对于本例而言，模拟加载时间 $T=0.005s$，时间因子变量 time_factor=10000，因此，在应力更新计算时所应用的虚拟加载时间为 $T'=50s$。

8.4.2 黏塑性模型计算精度分析

采用 3 种模型计算得到的相应拉深深度条件下的壁厚分布曲线如图 8-14 所示。对于莫尔-库仑、德鲁克-普拉格及邓肯-张 3 种材料模型，计算得到的零件底部中心壁厚平均误差分别为 4.38%、4.51%、4.37%，均达到了较高的预测精度。

图 8-15 所示为采用 3 种模型计算得到的拉深深度为 50mm 时零件外形轮廓曲线与真实试验测量数据对比曲线。可见，3 种模型对零件外形轮廓计算精度较高。

8.4.3 加载速率对板材成形性能影响规律分析

在上述高温颗粒介质成形仿真过程中使用了黏塑性材料模型，该高温本

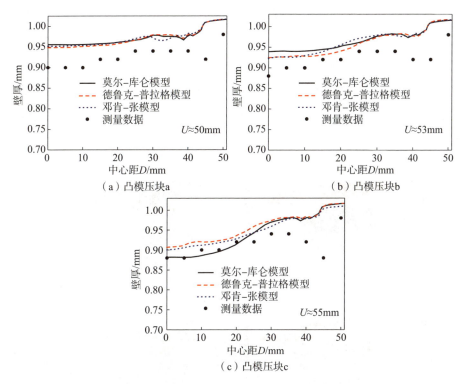

图 8-14 高温黏塑性模型壁厚计算结果

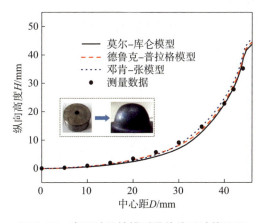

图 8-15 高温黏塑性模型零件外形计算结果

构模型具有显著的率相关特征，为了验证这一点，本节进行了不同加载速率下的仿真计算。通过设置时间影响因子 time_factor 分别为 1.0×10^4、1.0×10^5，使有限元模拟中虚拟加载时间 $T'_1 = 50\mathrm{s}$ 和 $T'_2 = 500\mathrm{s}$，计算得到的两种条件下壁厚及等效塑性应变分布云图如图 8-16 所示。可见，两个算例下最小壁厚值区别不大，高速加载条件下的零件最小壁厚略高。图 8-17 所示为两个算例中零件底部节点输出的应力-应变曲线。从图 8-17 中可以看到，低速加载下的流动应力曲线比高速加载下的曲线有一定程度的降低。另外，由于采用了动态显式积分算法计算本节中准静态成形过程，导致后处理输出的应力-应变曲线有一定的波动。

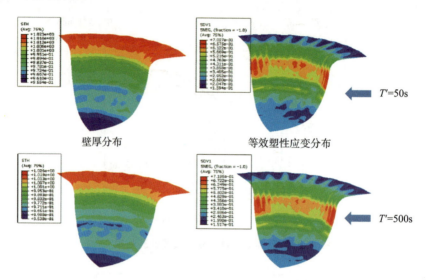

图 8-16 两种条件下壁厚及等效塑性应变分布云图

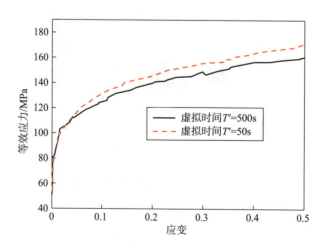

图 8-17 零件底部节点输出的应力-应变曲线

复杂多/小特征结构充液复合成形及回弹分析

 汽车发动机罩内板成形工艺条件

9.1.1 零件与材料

所研究的汽车发动机罩内板及关键局部特征如图9-1所示。其外形尺寸为：长1378.41mm，宽481.71mm，高81.05mm。具有整体尺寸大、局部小圆角小特征多、形状复杂等特点，其中最小圆角半径为2.0mm。

零件成形的关键部位有以下几处：一是图9-1（a）所示的零件底部左右下角的两个螺旋孔，该孔最深处为12mm，用于安装缓冲块，孔所在面的位置要保证成形到位，螺旋孔可能是成形破裂的危险区；二是零件上的4个阴阳台［图9-1（b）］，此4处是后续工序的定位孔，孔径为20mm，用于安装定位销，故孔所在的平面位置需保证成形到位；三是图9-1（c）所示的方孔，用于安装卡扣，故成形过程需保证此孔所在面的位置；四是图9-1（d）所示的凸起部分，成形过程中该处坯料处于单向拉应力状态且深度较深，是潜在破裂危险区，也是成形的难点。另一个成形的关键区域为零件的四周边缘位置和3个中心不规则孔边缘位置，这些区域均为回弹的主要检测区域，也是与外板包边的位置，成形结果要在一定的公差要求范围内。对于上述4个关键局部特征，其成形方式采用刚柔耦合成形，即充液成形的同时在凹模底部合模位置进行局部刚性整形。零件材料为铝合金5182-O，板材厚度为1.0mm，通过单向拉伸试验获取其力学性能。可以看出，相较普通深冲钢板，铝合金板材的成形性能较差，这给成形制造带来较大困难。

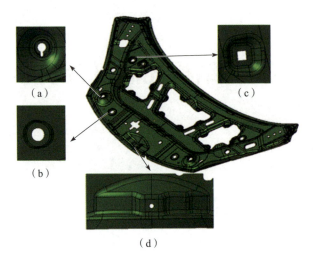

图9-1 汽车发动机罩内板及关键局部特征

9.1.2 刚柔耦合顺序加载成形工艺

板材刚柔耦合顺序加载成形工艺是基于板材充液成形工艺的一种新型衍生工艺，兼具充液成形和刚性模成形的优点。其包括将液室快速补液，放置板材坯料在液室法兰表面上，压边圈下行将坯料压住，随后凸模下行接触板料后，以一定速度继续下行，同时通过液室进液口向液室腔内充液体以增压，坯料在凸模和液压力的综合作用下被拉入液室，下行过程中坯料发生弹塑性变形，大部分特征尺寸成形，局部小特征、超小圆角部分成形。下行至一定深度，凸模与设置在液室底部的局部刚性镶块精准合模整形，使未在充液成形阶段成形到位的部分成形到位，完成顺序加载，实现刚柔耦合。刚柔耦合顺序加载成形过程工艺示意图如图9-2所示。

该工艺所使用的模具，一次安装完成后，可实现成形与整形全部工艺动作，保证了零件整体精度。同时，局部刚性镶块的使用，可大大降低充液成形该类零件所需的设备吨位，缩短了模具研配调试时间，提高了生产效率。

局部刚性模可采用镶块形式,可随时进行更换,增加了模具的柔性,同时便于后续修模过程,提高修模效率。该复合成形工艺对于难成形的轻合金材料及具有多种小特征尺寸的复杂构件(如汽车内板件等),具有很好的成形效果。同时,可极大拓宽充液成形技术的应用范围。

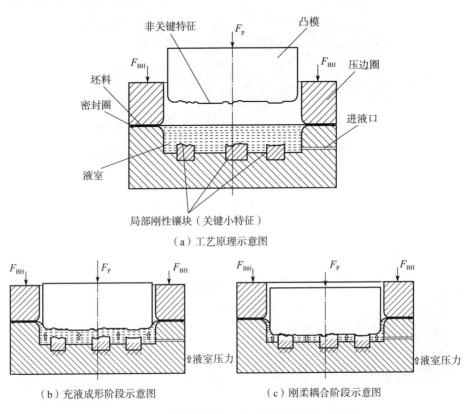

图 9-2 刚柔耦合顺序加载成形过程工艺示意图

9.1.3 试验设备与模具

图 9-3 所示为 50000kN 板材充液成形设备。设备主机系统主要由主机、高压源系统、快速换模机构、集成控制系统等组成,最大液室压力可达 60MPa,控制精度为 ±0.5MPa。设备主缸公称压力为 35000kN,压边缸公称压力为 15000kN,工作台面尺寸为 4500mm×3000mm。设有独立的电气控制箱和操纵台,电气控制系统采用 PLC 控制,可完成整机全部功能按钮集中操作。模具如图 9-4 所示。压料面采用曲面形式,在液体压力下板料首先贴靠凸模,故凸模

完全保留零件全部特征，凹模由液室和局部整形镶块组成，实现零件的刚柔耦合顺序加载成形。

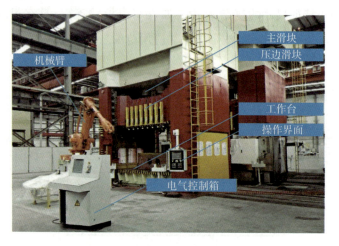

图 9-3　50000kN 板材充液成形设备

（a）凸模

（b）凹模局部刚性镶块

图 9-4　模具

9.1.4　数值模拟条件

数值模拟采用商业有限元软件 ETA/Dynaform 5.8.1，刚柔耦合成形过程有限元模型如图 9-5 所示。坯料采用 B-T 壳单元进行网格离散，凸模、压边圈、液室和刚性镶块均采用刚性壳单元进行网格划分。为准确表征小圆角特征，应使每个圆角上至少存在 4 个单元，故设置最大网格尺寸为 10mm、最小网格尺寸为 0.1mm，计算过程进行网格细化。坯料和模具之间的摩擦系数均为 0.17，优化后的坯料形状尺寸如图 9-6 所示。

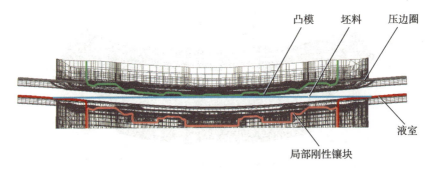

图 9-5　有限元模型

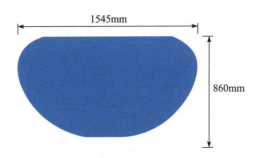

图 9-6　优化后的坯料形状尺寸

9.2　成形结果与分析

9.2.1　液压力加载路径及刚柔效应对内板成形质量的影响

在板材刚柔耦合顺序加载成形过程中，成形前期液压力加载路径对成形后期刚柔效应及试件最终成形质量都有着重要的影响。而试件圆角特征的大小是设计液压力路径的关键因素，通过理论计算可以给出局部圆角特征与液压力的关系，进而为液压力路径设计提供理论依据。从试件上提取所需成形的主要两种圆角特征，即凸圆角和凹圆角，如图 9-7 所示。凸凹圆角相对半径与液压力的关系可用如下公式确定。

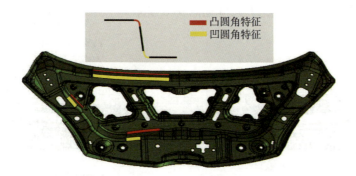

图 9-7 凸凹圆角特征

凸圆角最小相对圆角半径与液压力的关系为

$$p = \frac{2\sqrt{3}}{3} K \ln^n(1-\lambda) + \frac{1+\xi}{\sqrt{1+2\xi}} \sigma_s + \frac{(1+\xi)\sigma_s}{2r_1\sqrt{1+2\xi}} + \frac{2\sigma_b}{2r_1+1} \quad (9.1)$$

凹圆角成形过程相对圆角半径与液压力的关系为

$$p = \frac{\sigma_s + \sigma_b}{2r_2} \quad (9.2)$$

式中：r_1 和 r_2 分别为凸凹圆角的相对圆角半径。

成形初期，板料在流体压力辅助作用下发生弹塑性变形，进行充液拉深。充液成形的特点之一是可以进行预胀成形，使板料提前变形，提高试件最终成形刚度。根据预胀成形过程凸模位置的不同，可以分为正预胀和负预胀，如图 9-8 所示。正预胀为成形前凸模固定在板料上方一定位置（板料位置为

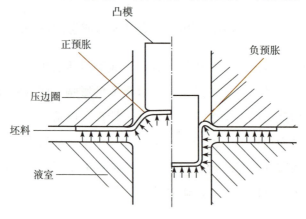

图 9-8 正预胀和负预胀

零位置），加载流体压力使板料反向变形接触凸模，坯料发生变薄，增加刚度。负预胀为凸模和压边圈之间有一定间隙，当材料被拉入凹模后，凹模圆角处坯料在液室压力作用下反向变形，形成局部"软拉延筋"，有利于试件的最终定型并降低回弹。

预胀成形对不同类型的试件有不同的作用效果，如图 9-9 所示为内板的预胀加载路径。当采用正预胀时（图 9-9 中加载路径 1），试件多处发生叠料起皱、甚至破裂现象，如图 9-10 所示。其原因是零件具有复杂多特征，正预胀液室压力加载过早，无法控制坯料根据多个局部特征同步/顺序变形，并且

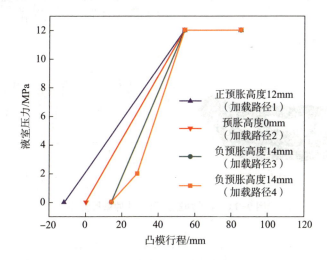

图 9-9　内板的预胀加载路径

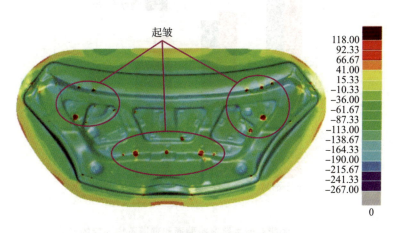

图 9-10　试件多处起皱甚至破裂

试件角部及部分局部特征侧壁悬空区发生起皱和叠料后在凸模的挤压下易发生破裂缺陷。4 种加载路径下试件壁厚分布如图 9-11 所示。另外，引入试件壁厚不均匀度 γ 去进一步研究预胀效应的影响。其被定义为

$$\gamma = \frac{t_{max} - t_{min}}{t_0} \times 100\% \tag{9.3}$$

式中：t_{max} 为试件最大壁厚；t_{min} 为试件最小壁厚；γ 为壁厚不均匀度。预胀对最大壁厚减薄率和壁厚不均匀度的影响如图 9-12 所示。

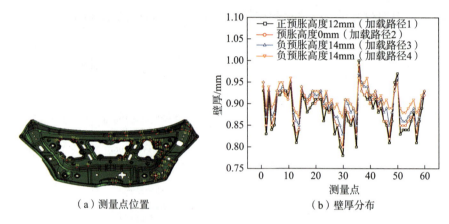

（a）测量点位置　　　　　（b）壁厚分布

图 9-11　4 种加载路径下试件壁厚分布

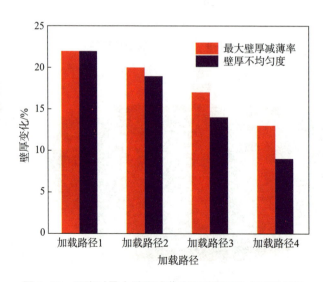

图 9-12　预胀对最大壁厚减薄率和壁厚不均匀度的影响

从图 9-11 和图 9-12 中可以看出，加载路径 4 获得试件壁厚分布均匀程度最高，成形性能最好。加载路径 4 在负预胀且初期液室压力较小的条件下，坯料可以较多地流入凹模腔内，随后加载较大液室压力，能使充液成形摩擦保持效应充分发挥作用，有利于零件的成形。对于该类零件，成形过程中液室压力不宜加载过早，如加载路径 2，加载过早会使板料提前贴紧凸模上较尖的小特征，致使周围坯料无法顺利流入，在尖点处易产生过度减薄甚至破裂。

在成形后期刚柔耦合阶段，最大液室压力扮演着重要的角色。设计的 5 种液压力加载路径如图 9-13 所示，液室压力从 8MPa 变化至 20MPa。不同液室压力状况下试件局部典型特征 A 和 B 处的贴模过程如图 9-14 所示。从图 9-14 中可以看出，当成形后期刚柔耦合阶段液室压力较小时，在 A 处无法形成足够的摩擦保持效应，致使 A 处减薄严重甚至破裂，其经向拉应力较大，变形接近平面应变状态。而 B 处虽然在刚柔耦合阶段初期较小的液室压力下坯料无法完全贴模，但在局部刚性镶块和 B 位置周边小液体压力的耦合作用下，坯料最终顺利贴模成形。最大液室压力为 8MPa 时得到的试件如图 9-15（a）所示。从图 9-15（a）中可以看出，A 处发生破裂。当成形后期刚柔耦合阶段液室压力较大时，A 位置的摩擦保持效应较好，成形质量较高。B 位置则在较大的液体压力下不断填充圆角，而周边材料在较大液体压力下无法向圆角区流

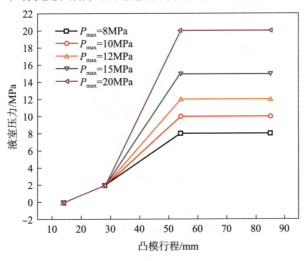

图 9-13　5 种液压力加载路径

入,坯料只能靠自身减薄填充成形,最终减薄严重甚至破裂,无法形成有效的刚柔耦合效应,其经向和纬向拉应力均很大。最大液室压力为20MPa时得到的试件如图9-15(b)所示。从图9-15(b)中可以看出,B处发生破裂。不同液室压力下试件A和B位置最大壁厚减薄率如图9-16所示。综合分析,最大液室压力为12MPa时,试件成形质量最好。

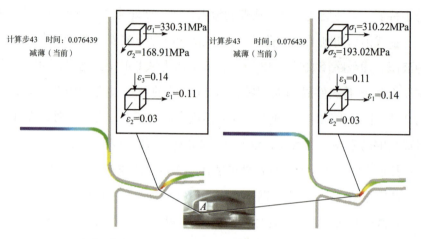

(a)A位置(最大液压力8MPa(左)和20MPa(右))

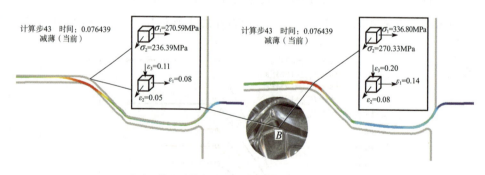

(b)B位置(最大液压力8MPa(左)和20MPa(右))

图9-14 不同液室压力状况下试件局部典型特征A和B处的贴模过程

9.2.2 压边力对内板失稳控制的影响

对于复杂多/小特征汽车内板的刚柔耦合顺序加载成形,其压边力窗口的准确确定具有重要的意义,它在一定程度上反映了零件的可成形性,是确定

(a) A 位置（最大液室压力8MPa）   (b) B 位置（最大液室压力20MPa）

图 9-15 液室压力 8MPa 和 20MPa 引起 A 位置和 B 位置的破裂

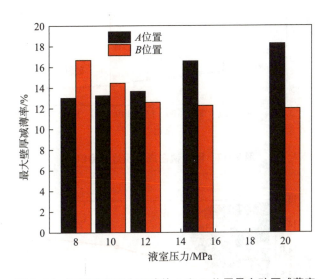

图 9-16 不同液室压力下试件 A 和 B 位置最大壁厚减薄率

和更改成形工艺的重要依据。通过对所研究的汽车内板件进行刚柔耦合试验，确定的压边力成形窗口如图 9-17 所示，它给出了坯料起皱和破裂时的临界压边力。从图 9-17 中可以看出，当压边力小于 60t 时，试件出现起皱缺陷；当压边力大于 150t 时，试验发生破裂缺陷；成形时的安全压边力范围为 60~150t。同时，随着压边力的增加，试件角部与底部坯料流入量均逐步减少。由于局部特征形状不同，底部坯料流入量整体高于角部。试件曲面上 A、B、C、D 四点的壁厚减薄率与压边力的对应变化规律如图 9-18 所示。相同压边力条件下4处位置的减薄明显不同，D点减薄率最小，由于其距离试件边缘较远，对压边力的敏感性不如其他3点。最大减薄量位于B点，这是因为试件B点处深度较深，变形较大，法兰处材料流入B点需经过较多折弯，材料流入量少，减薄率大。由于材料向凹模内的流入量随压边力的增加而减小，使得试件减薄率明显随压边力的增加而增大。

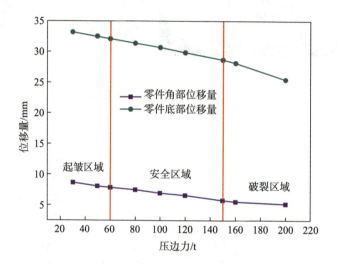

图9-17 刚柔耦合成形压边力窗口

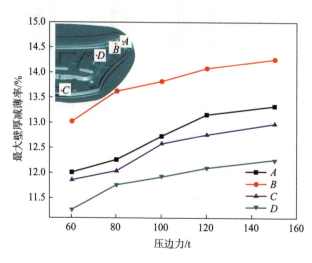

图9-18 A、B、C、D四点的壁厚减薄率与压边力的对应变化规律

9.2.3 拉延筋对内板失稳控制的影响

设置拉延筋高度分别为 1mm、2mm、3mm、4mm 和 5mm，研究拉延筋高度对坯料流入量的影响。试件角部和底部坯料流入位移量随拉延筋高度变化的关系如图 9-19 所示。从图 9-19 中可以看出，随着拉延筋高度的增加，试件坯料流入量减少，并且底部坯料流入量减小幅度明显比角部大，减小幅度为 5.18mm。不同拉延筋高度下试件曲面上 A、B、C、D 四点的壁厚减薄率分布如图 9-20 所示。随着拉延筋高度的增加，A、B、C 三个典型位置的减薄率明显呈增加的趋势，D 点由于距离试件边缘较远，减薄率虽然有所增加但增幅不是很明显。因此，可以看出，在进行汽车铝合金发动机罩内板件刚柔耦合成形时，合理的选择拉延筋高度能有效控制材料流动。依据试件不同位置坯料流入量和壁厚减薄率综合选取不同位置拉延筋高度，并获得其平均和最大坯料流入量如图 9-21 所示。该拉延筋参数可以较好地满足试件的成形需求，有利于降低回弹。

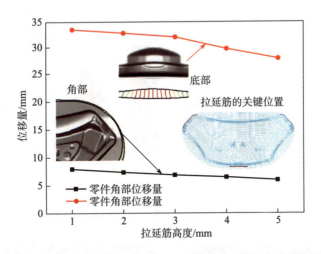

图 9-19 试件角部和底部坯料流入位移量随拉延筋高度变化的关系

使用刚柔耦合顺序加载成形工艺，在最优液室压力加载路径、刚柔效应、压边力及拉延筋等工艺参数下获得的合格试件如图 9-22 所示。通过超声波测厚仪测量试件壁厚并与数值模拟结果对比如图 9-23 所示。可以看出，试验结果与数值模拟结果一致性较好，说明刚柔耦合顺序加载成形工艺可以较好地用于该类复杂多特征内板件的成形制造。

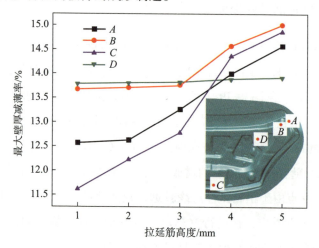

图9-20 不同拉延筋高度下试件曲面上A、B、C、D四点的壁厚减薄率分布

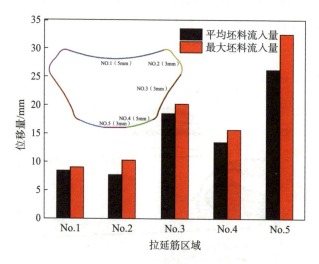

图9-21 优化后的拉延筋参数及平均和最大坯料流入量

（a）带有工艺补充的零件

（b）最终切割后的零件

图9-22 使用刚柔耦合顺序加载成形工艺获得的合格试件

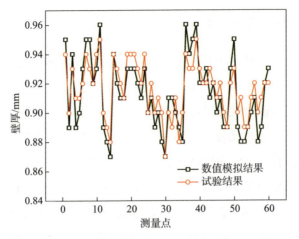

图 9-23 试验和数值模拟得到的试件壁厚结果比较

9.3 / 发动机罩内板回弹试验

9.3.1 测量设备与方案

对试件进行切割并测量切割后的回弹。切割方式采用激光切割,回弹测量设备为海克斯康龙门式三坐标测量仪(图9-24),测量精度为±0.008mm。将切割后的型面与试件检具型面进行对比,得到回弹测量数值。

图 9-24 三坐标测量仪

9.3.2 测量结果与分析

为获得铝合金材料内板件充液成形的原始回弹数据,成形过程未提前对内板进行回弹补偿,成形及切割后对试件型面进行回弹测量,得到初始回弹值。依据初始回弹值对试件进行回弹补偿,修改模具,并进行新一轮的成形、切割、回弹测量。通过比较,回弹补偿后的试件回弹值降低明显,测量位置在公差范围内的合格率明显提高,满足了制造要求。

回弹测量基准如图 9-25 所示。S1、S2、S3、S4、S5、S6、S7 和 S8 分别为基准面,公差为 0~0.2;H 和 h 为基准孔位置,其坐标分别为:$H(-155,435,735)$,$h(-416,-260,659)$。两个基准孔的名义直径均为 20mm,直径公差为 0~0.1。型面的回弹测量位置如图 9-26 所示,分别为 4S、5S、6S、7S 和 8S 5 个位置区域,4S 区域测量 25 个点、5S 区域测量 14 个点、6S 区域测量 25 个点、7S 区域测量 16 个点、8S 区域测量 8 个点。其中,4S 和 5S 区域的测量点回弹公差为 ±0.5mm,6S、7S 及 8S 区域测量点的回弹公差为 ±0.7mm。回弹补偿前和回弹补偿后测量的试件均为两件。

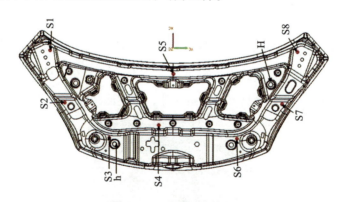

图 9-25 回弹测量基准

不同区域回弹值测量结果如图 9-27 所示。回弹补偿前两个测量试件的回弹合格率分别为 37.5% 和 40.91%,同时各测量点的回弹值一致性较好,说明了测量的准确度较高。从图 9-27 中可以看出,4S 区域回弹合格率为 0%,最大回弹量为 3.49mm;5S 区域回弹合格率为 14.29%,最大回弹量为 2.86mm;6S 区域两个试件回弹测量结果稍有差别,试件 1 回弹合格率为 48%,试件 2

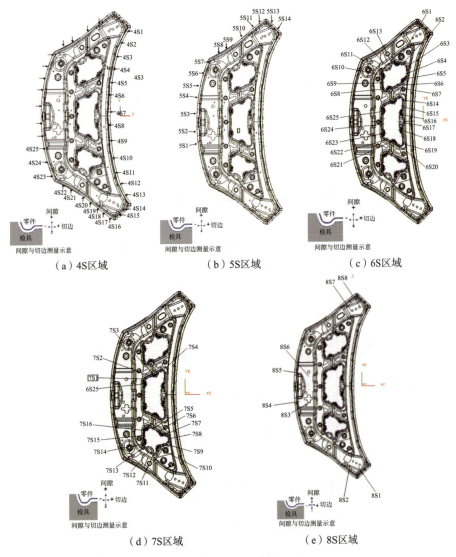

图 9-26 型面的回弹测量位置

回弹合格率为 64%，两个试件的最大回弹量为 2.42mm；7S 区域的回弹合格率较高，两个试件均接近 100%，仅试件 1 有一处位置回弹量为 0.72mm，刚刚超出公差要求范围；8S 区域两个试件一致性较好，回弹合格率均为 50%，最大回弹量为 1.28mm。从上述测量结果可以看出，零件四周边缘的回弹合格率较低，型面回弹量较大；内孔边缘及零件上局部重点检测型面的合格率均较高，回弹量较小，这与成形过程中高压液体均布载荷作用是分不开的。

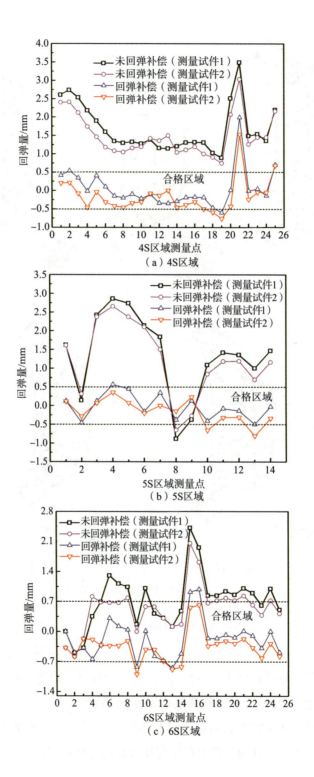

(a) 4S区域

(b) 5S区域

(c) 6S区域

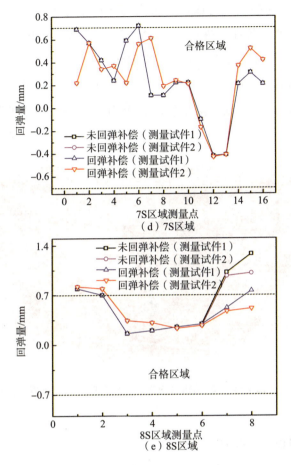

图 9-27　不同区域回弹测量结果

回弹补偿后两个测量试件的回弹合格率分别为 86.36% 和 87.5%，比回弹补偿前分别提高了 48.86% 和 46.59%。最大回弹量同样位于 4S 区域，为 1.99mm，比回弹补偿前降低了 42.98%。这说明对于铝合金内板充液成形过程，1∶1 回弹补偿可有效降低试件回弹量，提高最终成形精度。

发动机罩内板回弹有限元分析

9.4.1　有限元模型

该铝合金发动机罩内板的回弹数值模拟以其刚柔耦合顺序加载成形过

程数值模拟结果为基础,将成形所得到的试件壁厚形状、应力应变分布作为回弹分析的初始条件,进行回弹静力隐式求解。使用的有限元软件为 ETA/Dynaform 5.8.1,分析过程为无模回弹,只保留板材壳单元,并且为保证模型的刚度矩阵为非奇异,需对试件进行适当的约束处理来消除刚性位移。依据约束点选择原则,给出发动机罩内板回弹计算中的约束点设置如图 9-28 所示。

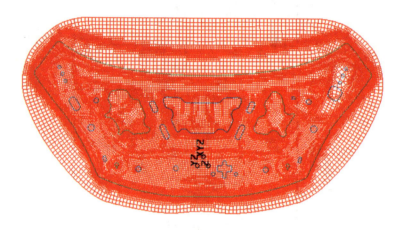

图 9-28　发动机罩内板回弹计算中约束点设置

9.4.2　内板回弹特征

对于汽车内板类零件,回弹的主要检测位置在轮廓边缘及内孔边缘处,这些位置是包边及装配的主要位置,需满足公差要求。

边缘处靠近凸模圆角,材料流入需经历弯曲-反弯曲变形,易受循环硬化,包辛格效应强。成形过程可通过模具增拉延设计、调节拉延筋、增加压边力等方式增加试件边缘处材料变形程度,降低回弹。内孔边缘充液成形过程也经历弯曲-反弯曲变形,包辛格效应明显,可通过调节圆角半径及补充型面特征来降低回弹。

9.4.3　典型回弹模型对内板回弹的影响

汽车覆盖件回弹预测的准确性对产品生产过程具有重要的意义,准确的回弹预测可有效减少回弹补偿次数及修模次数，提高生产效率，降低生产成本。而材料的力学性能表达对于回弹预测准确性具有重要的影响，精确材料模型可有效提高回弹预测精度。从塑性理论角度上看，完整的材料模型应该包括材料应力流动关系、初始屈服判断准则、后继屈服硬化模型。在仿真模拟中，流动关系方程采用关联流动理论，使用材料的真实弹塑性应力-应变曲线；常用的初始屈服准则有 Mises、Hill 系列及 Barlat 系列屈服准则；硬化模型包括各向同性硬化模型、随动硬化模型和混合硬化模型。不同初始屈服准则与硬化模型的组合，加之材料单拉获取的真实应力应变关系，便得到不同的材料模型，也形成了不同的回弹预测模型。

铝合金发动机罩内板刚柔耦合顺序加载成形过程是一个复杂的塑性变形过程，不同回弹模型对该过程的适用性有待于进一步研究，研究结果可为基于充液成形的铝合金汽车覆盖件回弹预测及补偿奠定一定理论基础。本节通过改变屈服准则和硬化模型的组合，研究不同回弹模型对铝合金发动机罩内板刚柔耦合成形过程回弹预测精度的影响。

本节采用 4 种回弹模型，分别为 Barlat89+Hollomon 各向同性硬化模型、Hill48+Hollomon 各向同性硬化模型、Hill48+Yoshida-Uemori 混合硬化模型和 Barlat89+Yoshida-Uemori 混合硬化模型。试件在不同测量区域中 4 种回弹模型预测结果与试验结果对比如图 9-29 所示。可以看出，回弹模型预测结果均比试验值大，其中 Barlat89+Yoshida-Uemori 混合硬化模型预测精度最高，与试验结果的一致性最好；其次为 Hill48+Yoshida-Uemori 混合硬化模型；而采用 Hollomon 各向同性硬化模型组合得到的回弹模型则预测精度较低。各向同性硬化模型比混合硬化模型预测的回弹量大，与试验值差别也大。硬化模型一致的条件下，当采用各向同性硬化模型，Hill48 屈服准则的预测精度稍高于 Barlat89 屈服准则；当采用混合硬化模型，Barlat89 屈服准则的预测精度明显高于 Hill48 屈服准则。总体而言，硬化模型对回弹预测精度的影响大于屈服准则。

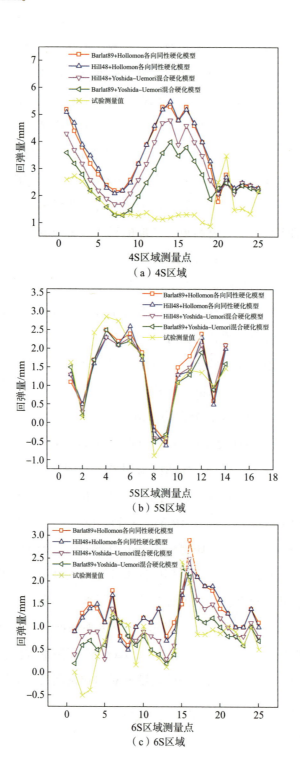

(a) 4S区域

(b) 5S区域

(c) 6S区域

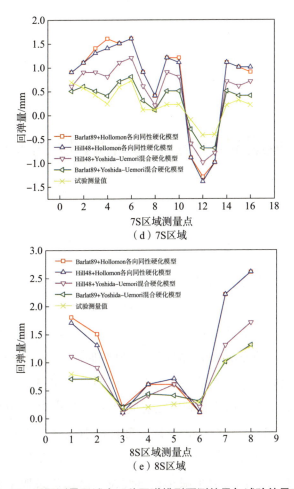

图 9-29 不同测量区域中 4 种回弹模型预测结果与试验结果对比

在 4S 测量区域，回弹模型预测值和试验值趋势基本一致，但数值差别较大，试验测量最大回弹位置为点 21，最大回弹量为 3.49mm；4 种回弹预测模型得到的最大回弹位置均在点 14 处，最大回弹量分别为 5.3mm、5.5mm、4.8mm 和 4.0mm，而点 14 处的试验回弹量为 1.21mm，与 Barlat89+Yoshida-Uemori 混合硬化模型预测结果最接近；而点 21 处的 4 种最大回弹预测量分别为 2.8mm、2.7mm、2.5mm 和 2.5mm，与 Barlat89+Hollomon 各向同性硬化模型预测结果最接近。其他测量区域回弹模型预测值和试验值趋势及数值一致程度均较高，Barlat89+Yoshida-Uemori 混合硬化模型预测精度最高。

第10章

大尺寸/局部特征结构充液复合成形工艺

10.1 充液复合成形工艺

本章针对汽车大型铝合金 6016-T4 覆盖件对结构尺寸精度以及表面质量的要求，提出了一种充液成形+局部刚性模整形的充液顺序成形工艺方法。该方法兼顾充液成形工艺和刚性模冲压工艺各自的优点，也即是一种多场复合成形工艺。首先，第一步利用充液成形的"流体润滑"和"摩擦保持"的优势，获得表面质量良好的预变形零部件，即成形的大曲率半径表面变形充分且表面质量良好；然后，为了进一步充分成形零件上的局部小特征（如小半径圆角等），同时为了减小设备吨位，第二步采取了对局部特征进行刚性模冲压整形的工艺方案。在该充液复合成形工艺的研究过程中，采用了数值模拟和试验研究相结合的方法，并通过分析、比较不同测量路径上壁厚分布的模拟值和试验值之间的误差，验证了两者的一致性与合理性。成形结束后，结合数值模拟结果以及结构尺寸分析，对零件上的局部小特征进行了材料变形研究，通过理论解析的方法将其变形原理进行解析。最后，当不同的成形工艺结束后，分别对局部典型小特征进行微观组织观察，代替传统力学性能测试试验，从微观组织演变的角度研究成形方式对材料力学性能的影响规律。

10.2 材料的选择原则

选用铝合金材料代替传统钢材成形汽车覆盖件,可以减重高达 40%。6000 系铝合金最大的优点是,在固溶淬火以后具有较低的屈服强度,在这种状态下供货使其具有优良的冲压成形性能,并且在零件成形后的烤漆阶段,其性能会有进一步的强化。AA6016 铝合金,在 T4 状态下的强度为 90~130MPa,烤漆后强度超过 200MPa,这就为制造车身零部件提供了良好的冲压成形性能和成形后的使用性能。因此,本章选用了 6000 系铝合金 AA6016-T4 作为车身覆盖件加工制造过程的原始坯料。

选择的 AA6016-T4 的特殊之处还在于:随着时间的推移,该材料的基本力学性能会发生变化,超过一段时间后,材料的抗拉强度和屈服强度会有所增加,不利于板料的成形。表 10-1 所示为每隔一段时间对材料进行力学性能测试获得的基本性能参数。因此,板料的选择原则为:选择经过热处理后,自然时效周期 6 个月以内的板料,此时板料变形抗力小、塑性流动性好、易于成形,而且成形结束后,依据材料内部组织的特殊性,经过烘烤硬化工序,零件的强度和刚度还会有所增加,能够达到使用安全性的要求。

表 10-1 不同时间段的材料力学性能测试结果

板料状态	时间间隔/月	编号	R_m/MPa	$R_{p0.2}$/MPa	A_{80}/%	r_0	r_{45}	r_{90}
出厂状态	0	1	201	94	25	—	—	0.6
	2	2	203	95	23	0.67	0.7	0.7
	4	3	220	114	24	0.7	0.68	0.7
	6	4	227	117	25	0.7	0.67	0.67
	8	5	236	126	23	0.68	0.6	0.96
	10	6	233	123	23	0.6	—	—

因此,在选择试验用板料时,参考表 10-1 中材料性能随时间的变化规律综合考虑,最终选择铝合金材料为热处理之后第四个月的板料。

10.3 / 工艺方案分析

10.3.1 尺寸结构分析

本章研究的对象为长城汽车公司某 SUV 车型的车门外板,零件的整体外形结构尺寸如图 10-1 所示。

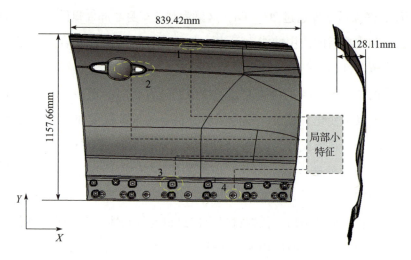

图 10-1 零件的整体外形结构尺寸

车门材料为铝合金 AA6016-T4,厚度为 1mm。其中,长度方向最大尺寸为 $L=1153.392$mm,宽度方向最大尺寸为 $D=847.004$mm,深度方向最大尺寸为 $H=125.183$mm,属于多曲率、大尺寸的复杂结构外覆盖件。

该零件结构尺寸跨度大、曲面复杂,同时存在多处难变形小圆角特征,这些特点使得该零件在传统拉延工艺条件下很难一次成形,需要多道次成形。为了消除每一步拉深工序后,零件中存在的残余应力,保证板料有足够的塑性完成最终的成形,需要中间热处理工艺作为辅助工序。然而,附加的工序会增加设备的投入、财力的消耗和人力的安排。同时,附加的加工工序延长了板料在各个环节中的转移时间,影响了零件的生产周期,大大降低了生产效率。

同时，该汽车外覆盖件的表面质量要求高，利用传统冲压工艺，该铝合金零件表面很容易出现划痕、起皱、滑移线、变形不充分等缺陷，严重影响使用性能。充液成形工艺因为采用高压流体介质代替刚性模具，减弱了材料表面与刚性模具之间的摩擦效应，使材料流动顺畅，发生充分的塑性变形，因此充液成形工艺是保证铝合金汽车外覆盖件表面成形质量的最优成形方案。

10.3.2 充液成形冲压方向确定

在成形过程中，冲压方向决定了制件在模具中的放置位置。冲压方向的选择依据于产品的外形结构，合理的冲压方向决定了最终产品研制的成功与否，一般合理的冲压方向选择遵循以下原则：①拉延深度小，不但可以减少材料的变形量，还可以使材料进料阻力均匀；②沿着冲压方向，零件的摆放位置中不存在负角，避免成形结束后，零件卡死在模具中无法取出；③初始接触面积应尽量大，以防止材料应力集中，造成局部破裂。结合上述要点，对零件的冲压方向进行了优化，得到了充液成形工艺中零件的最佳冲压方向，如图 10-2 所示。

图 10-2　冲压方向

10.3.3 坯料优化

本节基于上述选定的冲压方向以及零件的外形结构，利用 Dynaform 软件中的坯料工程功能，对零件进行展开，得到展开后的毛坯如图 10-3（a）所示。加上修边余量，优化得到了最终的坯料尺寸为：厚度为 1mm，长×宽为 1840mm×1350mm，如图 10-3（b）所示。

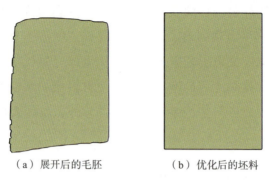

（a）展开后的毛胚　　　　（b）优化后的坯料

图 10-3　零件展开

10.3.4　局部特征成形性分析

从图 10-1 和图 10-2 中可以看出，沿着冲压方向，零件上的最高点与最低点之间的落差为 128mm 左右，长度方向和宽度方向的尺寸比较大。同时，零件上存在 3 个不同的小圆角特征区域，分别是 A 区、B 区和 C 区，分别集中在车门上部、门把手处以及底部与内板的连接孔处，如图 10-4 所示。

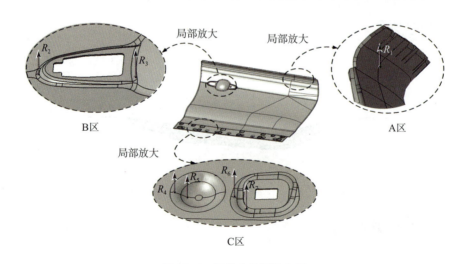

图 10-4　零件小特征分布图

从图 10-4 中可以看出，沿着零件的宽度方向，3 种小特征区依次分布。其中，A 区和 B 区的小圆角特征分布在复杂曲面上。在成形过程中，随着周围大曲率半径表面处的材料首先贴模，此时，在较大液室压力的作用下已成形部位材料与模具之间的摩擦阻力增大,进而使得这两个小特征区的材料后续继续成形难度增加;C 区小特征包括小圆角特征 R_4 和 R_5 以及难成形特征 R_6 和 R_7,其在平面上依次分布,这些小特征的尺寸如图 10-5 所示。

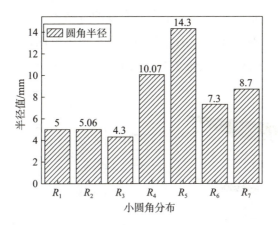

图 10-5 小特征的尺寸

这些局部小特征有共同的特点:圆角半径小(零件上的最小圆角半径为 3.5mm,最大圆角半径为 15mm)、深度浅、受力复杂。在充液成形工艺中,根据高压介质成形条件下的材料充分变形理论,使这些局部小特征充分变形所需要的最大流体压力值可参考下式:

$$p_c = \frac{t}{r_c}\sigma_s \tag{10.1}$$

式中:r_c 为工件截面最小过渡圆角半径(mm);t 为过渡圆角处的平均厚度(mm);σ_s 为整形时材料流动应力(MPa)。

10.3.5 复合成形工艺方案的确定

根据式(10.1)高压介质成形条件下的材料充分变形理论和 3 个局部区域的小特征尺寸,计算可知充分成形这些小特征需要的流体压力值的范围为 8.9~38.3MPa。在充液成形过程中,因为零件整体尺寸比较大,从而使得工作台面的尺寸也相应比较大。同时,因为高压流体与模具之间的相互作用,使得在成形过程中,流体介质对设备具有很大的反作用力,随着流体介质压力加载的增大,会造成上、下模具之间的合模间隙发生改变,最终无法保证试验的顺利进行。为了保证在成形过程中稳定的流体压力值以及设置的合模间隙，因此需要很大的合模力才能实现该稳定状态。因为生产条件的原因，针对此种情况，一般的液压机吨位很难满足该需求。通过以上分析，为了获得表面质量良好而且局部特征又能变形充分的合格零件，同时降低对设备吨位的使用限制，兼顾充液成形工艺和刚性模成形各自的优点，提出了充液成形+局部刚性模整形的复合成形工艺。该工艺流程的原理如图10-6所示。

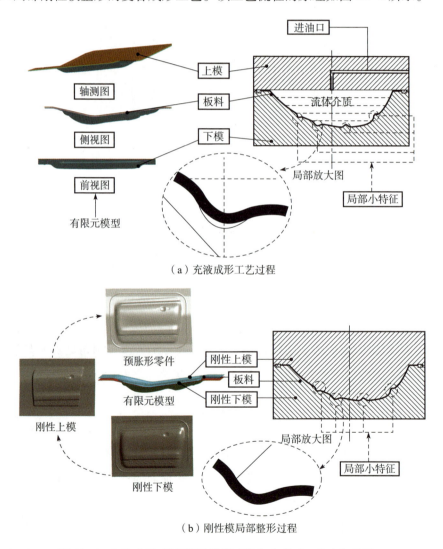

图 10-6 充液成形+局部刚性模整形的复合成形工艺流程的原理

在第一步的充液成形过程中,因为流体介质代替了刚性凸模,所以省去了模具的数量,减少了生产成本。不同部位材料的变形顺序及原理如图 10-7 所示。

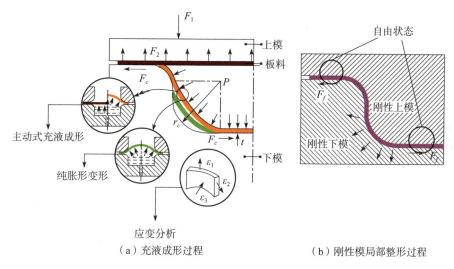

图 10-7 不同部位材料的变形顺序及原理

上述原理为:最初,在液体压力作用下,板料向下贴靠模具,材料填充零件上的所有特征。由于零件结构特征的原因,使得不同结构部位的材料变形存在顺序性。当小特征周围近似平面的特征成形后,该特征材料就会和模具之间产生摩擦效应,从而阻止周围的材料向小圆角特征处进一步流动。若使全部小特征充分变形、贴模,则需要增大流体压力 P。但是,随着流体压力 P 的增大,高压流体介质对模具的反作用力 F_2 也会增大,当 F_2 超过设备的最大吨位以后,上、下模具之间的距离就会变大。为了保证成形过程中模具之间的合模间隙、流体压力的恒定,因此需要提高设备吨位 F_1(合模力),继而导致了板料与模具之间的摩擦力 F_f 的增大,造成了材料很难进一步流动,使得局部小特征处材料发生纯胀形变形,减薄率急剧增大,最终导致破裂缺陷的发生。不仅如此,增大流体压力 P 的同时,也增加了设备吨位,从而增加了生产成本,一般的生产过程很难满足大吨位设备的要求。

在第二步刚性模整形(图 10-7(b))时,因为没有压边作用(压边力为

0），已成形部位的材料处于自由状态，所以已成形区域的材料与模具之间的摩擦程度大大减弱。随着刚性模下行，作用在局部小特征处材料的时候，周围材料的流动性不受阻碍，从而向小圆角处及时补料，进而实现小特征的充分变形。

该充液复合成形工艺既可以保证零件上大部分已成形曲面的表面质量，又可以充分成形局部小特征，在减小设备吨位、节省生产成本的同时，可以满足产品的尺寸精度要求。

10.4 / 复合成形工艺有限元模拟技术分析

10.4.1 复合成形工艺有限元模型

该复合成形工艺包括充液成形和刚性模局部整形两个工艺过程，利用有限元数值模拟技术辅助开发工艺，不仅可以节省模具开发时间，还避免了直接试模带来的生产风险，从而提高了生产效率和零件试制的成功率。利用 CAE 软件 Dynaform 对两个成形过程进行了有限元模拟，充液成形过程的有限元模型如图 10-8 所示。

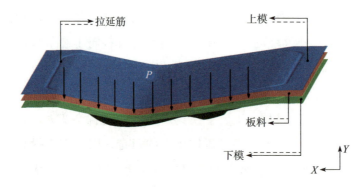

图 10-8　充液成形过程的有限元模型

该工艺过程为：上模和下模闭合，将板料压紧在模具之间，采用调节压边力的方式控制压边间隙，保证在成形过程中合模间隙保持不变。流体介质经过上模中的通油孔，均匀作用在板料上，P 为液室压力的加载方向。板料在流体高压作用下，贴靠下模成形大曲率半径曲面以及局部小特征的部分成形。设置拉延筋，控制零件上不同部位材料的流动情况，保证变形过程的均匀性以及材料流动的顺畅性。

局部刚性模整形过程的有限元模型如图 10-9 所示。

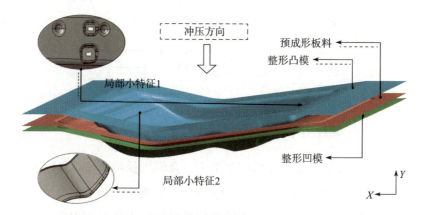

图 10-9　局部刚性模整形过程的有限元模型

上述工艺过程为：通过安装在凹模上的定位销，将第一步的预成形零件准确地放置在凹模上，上模下行与凹模闭合，间隙为一个板厚的距离，进行局部特征的冲压成形。

在上述复合成形工艺的有限元模型中，板料设置为可变形体，凸模和凹模不参与变形，设置为刚性体。在划分网格时，刚性模具采用刚性 4 节点网格单元进行离散化处理，板料采用 4 节点 BT 壳单元进行网格划分。上模和下模之间的间隙值设置为一个板厚的距离，板料与模具之间的摩擦环境设置为罚函数关系，摩擦系数为 0.2。

在充液成形过程中，流体压力加载路径与合模力是保证成形过程顺利进行的两个关键工艺参数。为了提高工作效率，又要保证成形零件的尺寸精度，因此较大的流体压力加载速率与较大的最终数值是被希望的，但是对应的合模力就会逐渐增大。所以，为了保证试验过程的顺利进行，两者之间的匹配关系需要优化。在本节中，为了兼顾上述的生产期望，提出了液室压力加载路径与合模力之间的匹配关系，如图 10-10 所示。

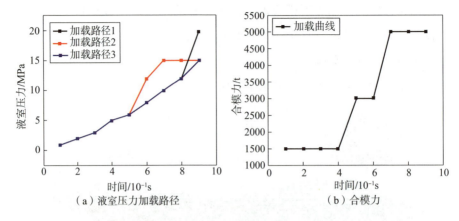

图 10-10 液室压力加载路径与合模力的匹配关系

由图 10-10 可知，在 3 种匹配关系中，合模力保持不变，呈阶梯状递增趋势，最后达到 5500t，在成形设备的工作能力范围内。为了充分成形零件上的所有特征，液室压力加载路径 1 设置的最后的压力值为 20MPa；避免过大的液室压力造成局部特征的破裂以及提高生产效率，因此液室压力加载路径 2 与加载路径 3 的最后液室压力值为 15MPa，区别在于后期的加载速率不同，加载路径 3 的液室压力加载速率维持在 1~2MPa/s。

10.4.2 复合成形工艺有限元模拟结果分析

3 种匹配关系的充液成形工艺数值仿真结束后，获得了 3 种情况下的仿真结果，如图 10-11 所示。

从图 10-11 中可以看出，在第一种匹配关系中，零件上部 A 区的小半径圆角发生了破裂，B 区和 C 区的小特征处于安全状态；在第二种和第三种匹配关系中，数值模拟结果显示零件成形区域没有发生破裂和起皱缺陷，3 个区域的局部小特征均处于安全状态。所以，在充液成形工艺中，将采取第二种和第三种液室压力加载路径与合模力的匹配关系，模拟结果用于第二步刚性模整形工艺分析以及后续的试验研究。

将充液成形数值模拟的后处理文件以网格单元的形式作为第二步成形工艺的"坯料"，引入到局部刚性模整形的有限元模型中，从而保证了模拟过程的连续性，提高了数值模拟的准确性。采用上述讨论的液室压力加载与合模力匹配关系 2、3 的模拟结果，进行刚性模整形的有限元分析，模拟结果如图 10-12 所示。

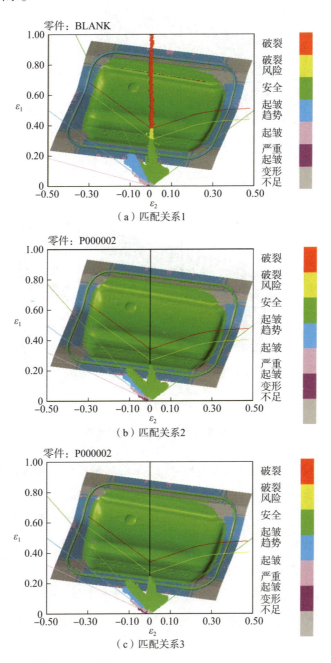

图 10-11　充液成形仿真结果

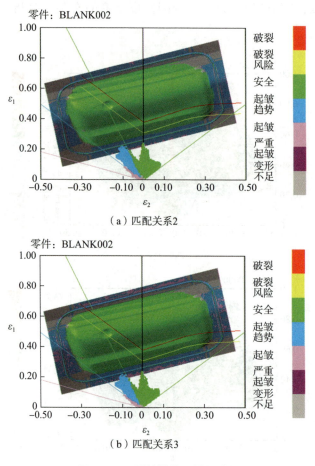

图 10-12 刚性模整形模拟结果

从图 10-12 中可以看出，两种匹配关系的局部刚性模整形结束后，成形结果良好，局部小特征轮廓更加清晰，间接反映了局部小特征在第二步工序中发生了进一步的变形。为了进一步地从数值模拟结果的角度分析零件特征结构在该复合成形工艺中的变形充分性，以第三种匹配关系为例，分析零件在充液成形和刚性模整形中的贴模度情况。

当充液成形过程的数值模拟结束后，以垂直于 X 轴，经过较多局部小特征的平面剖切零件，得到零件的剖切线以及局部小特征的剖切结果，如图 10-13 所示。

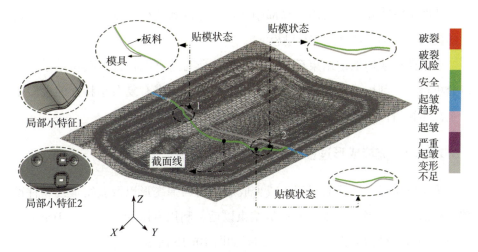

图 10-13 零件的剖切线以及局部小特征的剖切结果

从图 10-13 中可以看出，基于该零件的形状特征，材料在变形时候存在先后顺序。材料在流体介质的高压作用下，首先贴靠大曲率半径型面，因为已成形材料与模具之间的摩擦作用，使得周围材料贴模以后，加大了局部特征处材料的流动阻力，从而使得局部小特征不能完全贴靠下模，不能充分变形。

当局部刚性模整形过程的数值模拟结束后，为了充分验证局部小特征的贴模性，同理，利用图 10-13 中的剖切线，得到了局部小特征的贴模情况，如图 10-14 所示。

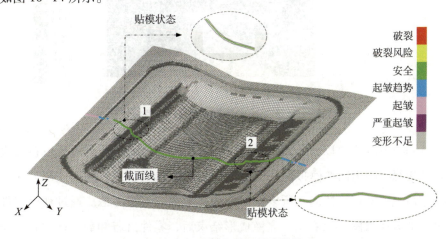

图 10-14 局部小特征的贴模情况

从图 10-14 中可以看出，局部刚性模整形的数值模拟结束后，零件上典型部位的局部小特征已经完全贴模。

以上两种成形工艺结束后，根据零件上所有特征贴模性的模拟结果，可以分析得出，利用该复合成形工艺，可以充分成形带有复杂小特征的大型铝合金汽车覆盖件，同时，材料变形充分、成形质量高。

10.4.3 充液成形过程的回弹模拟仿真分析

为了减少尺寸误差的累积、减少成形后的回弹变形以及获得最终零件准确的外形尺寸，当第一步充液成形结束以后，利用有限元分析软件 Dynaform 进行回弹数值模拟分析，回弹分析结果如图 10-15 所示。

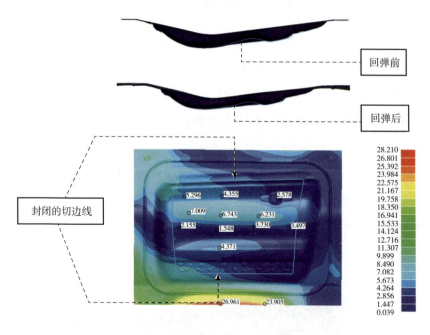

图 10-15　充液成形后回弹变形的数值模拟

从图 10-15 中可以看出，回弹模拟结束后，回弹变形严重的区域在长边的法兰边缘。因为回弹模拟的基准点原则上不能选在边缘，同时该部分在成形结束后是要被切除掉的，所以该部分的回弹影响不予考虑。通过观察零件上回弹的分布云图可以看出，充液成形结束后，零件沿着卸载方向回弹，没有发生扭转回弹。然后根据回弹趋势，利用三维软件 Think Design 对充液成形工艺的模具型面沿着回弹反方向进行补偿。最后，利用补偿型面，再一次进行充液成形工艺的数值仿真分析，从而得到回弹趋势较小的充液成形模拟结果。

10.5 / 试验过程研究

10.5.1 试验模具

利用试验的方法，对充液成形过程和局部刚性模整形过程分别进行了研究。试验设备采用天津市天锻压力机有限公司的 6000t 三梁四柱式液压机，保证了充液成形过程 5500t 合模力的生产需要。同时，配备有最大输出流体压力为 100MPa、控制精度为 0.5MPa 的增压器。增压器和液压机如图 10-16 所示。

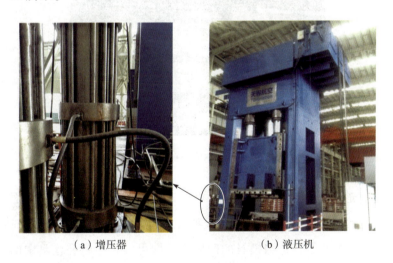

(a) 增压器　　　　　　　　(b) 液压机

图 10-16　增压器和液压机

其中，液压机的外形尺寸为：左右长度为 18100mm，前后长度为 21015mm，地面以上高度为 11947mm，地面以下高度为 4200mm。

充液成形模具的三维结构如图 10-17 所示，其实物如图 10-18 所示。

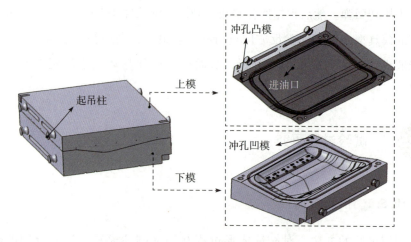

图 10-17　充液成形模具的三维结构

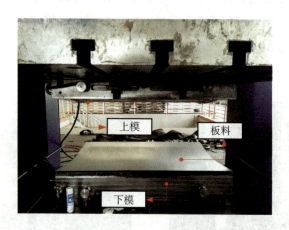

图 10-18　充液成形模具实物

在进行充液成形工艺时，综合考虑生产成本和现有设备工作台面的加工能力，因此模具型面的设计尺寸与板料在长度方向和宽度方向上保持一致，从而通过板料的 4 个直边与模具的四周边缘即可实现板料在模具中的准确定位。充液成形模具在工作过程中不采用导向装置，通过合模导正销保证上、下模具之间的装配精度。充液成形结束后，利用第一套模具上的打孔装置，在零件的对角位置上进行打孔，便于第一步预成形的零件在第二道工序中的准确定位。打孔工艺的动力来源有：①采用液压顶出冲头来冲孔；②采用气缸+斜楔的形式来进行冲孔，本节采用第一种打孔方案。

充液成形结束后,将充液成形获得的预成形零件表面擦拭干净,然后转移到刚性模整形模具中完成最终的成形。刚性模整形模具三维结构如图10-19所示,局部刚性模整形模具实物如图10-20所示。

图 10-19　刚性模整形模具的三维结构

图 10-20　局部刚性模整形模具实物

在第二套模具中,对应于预成形零件上的打孔位置处安装有定位销,其目的是保证刚性模整形工艺进行时,预成形零件在第二套整形模具中的准确定位。在该成形过程中,上模下行与下模闭合,模具间隙为一个板厚的距离,整体采用导板的形式进行导向。

试验过程中的注意事项有：①擦拭模具型面，检查型面内无细小颗粒污染物、无锈蚀、无刀痕划伤等明显缺陷；②充液成形结束后，取出零件，零件使用气泡膜包裹防止划伤；③刚性模整形完全结束后，对模具进行清理、涂抹防锈油后合模拆卸。

10.5.2 加载路径匹配关系的试验研究

利用 10.5.1 节中的充液成形模具，遵循一定的试验流程，对 3 种液室压力加载路径与合模力的匹配关系进行了试验研究。采用第一种匹配关系时，获得的试验结果如图 10-21 所示。

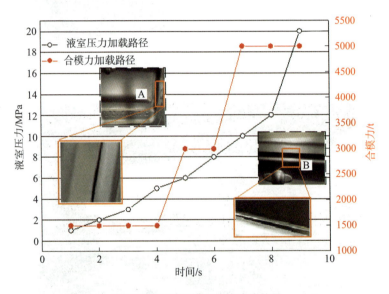

图 10-21　匹配关系 1 的试验结果

成形结束后，零件的 A 区和 B 区发生了破裂缺陷。这是因为该部位的小圆角等特征周围的材料与模具先接触之后，由于两者之间的摩擦作用，增加了周围材料向小特征处继续流动的阻力。继续加大液室压力，板料与模具之间的摩擦作用也越大，导致周围材料无法流向小特征进行补料，因此小圆角处材料发生纯胀形，当变形量超过材料的成形极限时，从而发生破裂缺陷。

采用第二种匹配关系时,在加载后期,液室压力很快加载到15MPa,然后保持到试验结束,获得的试验结果如图10-22所示。

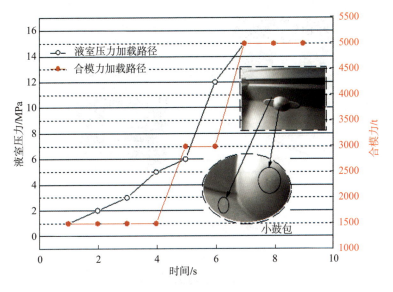

图10-22 匹配关系2的试验结果

从图10-22中可以看出,成形结束时在门把手部位及其附近其他部位都出现了小鼓包现象。这是因为液室压力加载太快,板料与下模之间的空间内有气体不能及时地被充分释放,促使气压的存在。当流体施压于板料上表面时,残余气压作用于板料下表面上,抵消一部分液体压力,最终造成了板料上广泛分布着的小凸包。虽然在对应的数值模拟结果中,这些小的局部表面质量缺陷没有被发现,但是试验现象证明第二种匹配关系也不能被采用。

采用第三种匹配关系时,在加载后期,液室压力同样加载到15MPa,加载速率稳定在1~2MPa,获得的试验结果如图10-23所示。

从图10-23中可以看出,零件表面质量好,表面光顺,没有划伤、起皱、破裂等表面缺陷,说明液室压力加载路径与合模力的配合度控制得比较好,经过优化是合理的,也说明利用该优化的匹配关系进行的数值模拟过程具有一定的参考性。

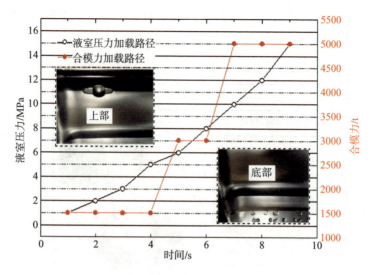

图 10-23　匹配关系 3 的试验结果

10.5.3　充液成形过程的精度控制结果分析

根据 10.4.3 节中的回弹分析思路可知，首先对充液成形过程的结果进行回弹模拟仿真，根据回弹趋势，在 Think Design 中进行模具型面的反向补偿，得到用于成形工艺的补偿型面即充液成形模具型面。使用回弹补偿后的型面分别进行了充液成形试验研究和充液成形及回弹的有限元数值分析，将回弹模拟结果、试验结果分别与原始零件数模进行分析，通过比较零件上不同区域测量点的三维偏差的试验值与模拟值，判断第一步成形中补偿型面的精度。三维偏差的试验值测量原理为：通过蓝光扫描零件表面，得到零件表面的点云图，然后逆向建模，获得充液结束的零件表面尺寸，将零件表面尺寸与原始型面进行对比，得出误差值。在零件上的 A 区、B 区和 C 区中绕开小圆角区域，选取一系列测量点为测量对象，如图 10-24 所示。蓝光扫描过程如图 10-25 所示。根据扫描结果反向建模得到的反向模面如图 10-26 所示。

以上 3 个主要测量区域是零件变形的典型区域，研究该区域的偏差值，可以全面了解零件的变形情况。将这 3 个区域偏差的试验结果（蓝光扫描得到点云图与原始零件型面对比）与模拟结果（充液成形的回弹数值模拟结果与原始零件型面对比）进行对比，如图 10-27 所示。

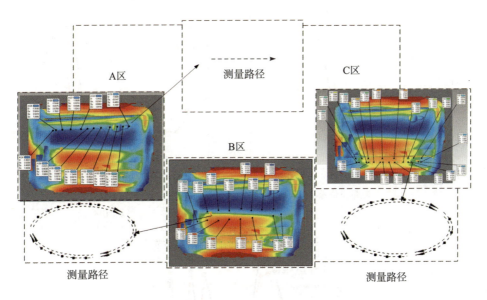

图 10-24　蓝光扫描结果

图 10-25　蓝光扫描过程

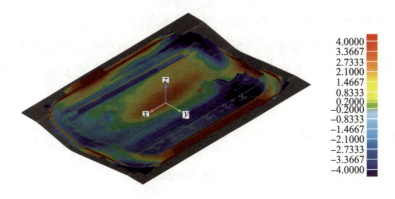

图 10-26　反向建模

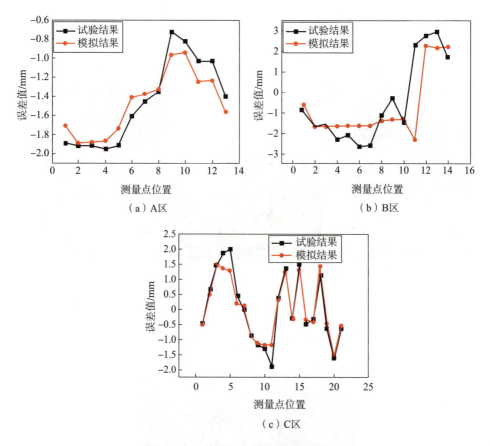

图 10-27　试验结果与模拟结果的对比

从图 10-27 中可以看出，利用补偿型面进行充液成形后，不同测量路径上三维偏差的试验值与模拟值的分布趋势一致，说明了成形模拟过程以及回弹模拟分析的参数设置比较合理，约束点的位置、数量选择具有一定的参考性。成形试验结束后，在 A 区，零件与原始零件型面之间的三维偏差为 -0.8~2mm；在 B 区，三维偏差为 -3.0~3.0mm；在 C 区，三维偏差为 -2.0~2.0mm。

10.5.4　试验零件

充液成形结束后，得到的零件如图 10-28 所示。

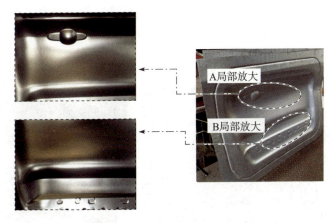

图 10-28 充液成形结束后的零件

从图 10-28 中可以看出，成形结束后，因为板料上表面与流体介质直接接触，形成"流体润滑"效果，零件表面质量非常好，没有划痕、滑移线等表面缺陷。

经过第二步刚性模局部整形，获得的最终零件如图 10-29 所示。

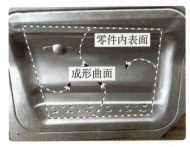
（a）刚性模整形零件

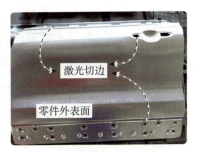
（b）最终零件

图 10-29 刚性模局部整形后的零件

从图 10-29 中可以看出，零件的内外表面质量非常好，没有表面质量的缺陷，小特征变形充分，贴模程度很高。

10.5.5 局部整形工艺的试验与数值模拟结果对比

为了进一步验证局部整形工艺的数值模拟结果和试验结果的吻合程度，以及数值模拟中参数设置的准确性，试验结束后，利用比较测量点壁厚分布的模拟值和试验值的方法对此进行研究。在最终零件上选取了贯穿典型局部小特征的 3 条壁厚测量路径，如图 10-30 所示。

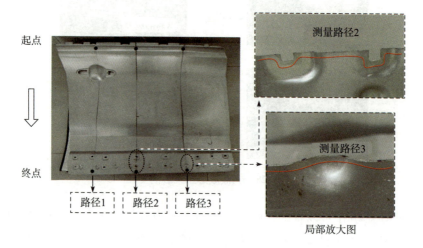

图 10-30　零件剖切图

不同测量路径上测量点壁厚的数值模拟结果和试验结果的比较结果如图 10-31 所示。

从图 10-31 中可以看出，沿着经过局部小特征的 3 条测量路径，获得的测量点壁厚的数值模拟结果和试验结果的分布趋势是一致的，最大误差不超过 5%。根据以上壁厚比较结果，结合两种工艺试验获得的零件外观特征，可以充分说明刚性模局部整形工艺的数值模拟结果与试验结果吻合程度很高，有限元模型中的参数设置合理、准确。利用该复合成形有限元模型，可以优化工艺方案，辅助模具设计，节约开发时间，提高生产效率，减少废品率。

通过对 10.5.3 节中充液成形工艺后零件三维偏差的试验结果和数值模拟结果以及上述刚性模局部整形工艺后壁厚分布的试验结果和数值模拟结果的深入分析，充分验证了两种成形工序的数值模拟结果和试验结果的一致性。同时，充分验证了图 10-28 和图 10-29 中零件的贴模程度：在第一步成形结束后，大部分的大曲率半径曲面变形充分，局部小特征发生部分变形；经过第二步的刚性模局部整形，局部小特征变形完全，而且零件表面质量好，没有缺陷产生。

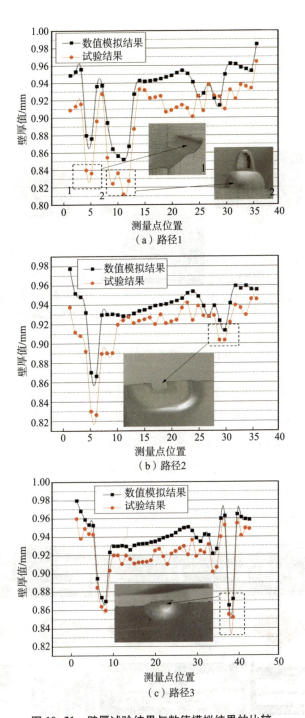

图 10-31 壁厚试验结果与数值模拟结果的比较

10.5.6 零件贴模性的试验验证

为了进一步验证刚性模整形后，小特征是否成形充分，故采用油漆法。在模具上涂抹红色油漆，当刚性模整形结束后，若小特征变形充分，则零件的外表面上将有均匀的红色油漆。贴模试验结束后，结果如图 10-32 所示。

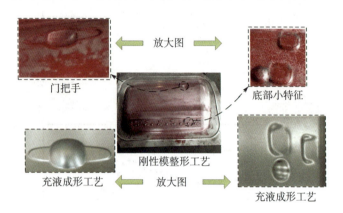

图 10-32 贴模试验结束后的零件

根据图 10-32 中显示的最终零件外表的染漆情况，可以发现小圆角处已经被红漆完全覆盖。因此可以初步判断，该部位已经完全贴靠模具。

该零件经过充液成形和刚性模局部整形的复合成形工艺后，为了实现最终合格零部件的装车与投入生产，因此对拉延件又经过了后续辅助工序，包括激光切边、手工翻边、胎模包边等，实现了车门外板与内板的包合。铝合金车门整个制造工艺流程如图 10-33 所示。

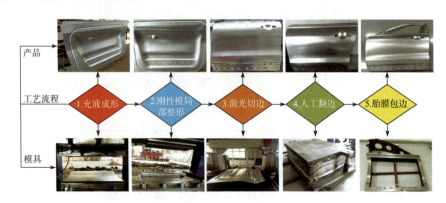

图 10-33 铝合金车门整个制造工艺流程

10.6 复合成形工艺过程变形分析

经过对充液成形工艺和刚性模局部整形工艺的数值模拟和试验过程的一系列分析，可以判断：两个工艺过程的数值模拟结果合理、准确，工艺参数的设置有一定的参考价值。因此，根据两种成形过程的数值模拟过程分析，结合相应的经验理论解析，深入研究了 3 个典型成形区域的小特征变形过程，进一步说明充液复合方法成形带有局部小特征的复杂结构轻质薄壁件的优势。

对于 A 区小圆角处的材料变形情况，当两种成形工艺的数值模拟结束后，利用同一截面分割线沿着该特征部位的横向对模拟结果进行截面剖切，得到该局部材料分别在两种工艺过程结束时对应的数值模拟变形结果，如图 10-34 所示。

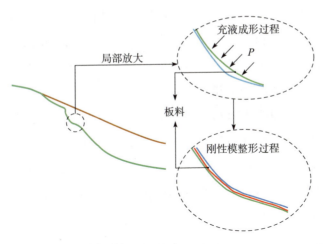

图 10-34　A 区的小圆角变形过程

从图 10-39 中可以看出，该小圆角特征处的材料在第一步充液成形阶段没有充分变形，材料在圆角处的贴合情况不是很理想。在液室压力的法向作用下，因为周围材料提前与模具发生接触，板料与刚性模具之间的摩擦力导致了局部小特征处的材料继续向最终变形型面贴合的阻力进一步加大。为了定量说明局部小特征的变形规律以及进一步验证不同工艺过程中的成形性，在该局部区域，沿着纵向方向等间隔选取了 3 个测量点，然后分别测量了 3

个点在两道成形工序中的第一主应变和第二主应变,最后对第一主应变和第二主应变的变化规律进行分析、归纳,分析结果如图 10-35 所示。

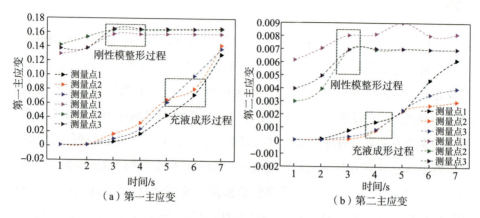

（a）第一主应变　　　　　　　　　　（b）第二主应变

图 10-35　A 区的主应变变化曲线

从图 10-35 中可以看出,在充液成形工艺过程中,3 个测量点的第一主应变值和第二主应变值都呈递增的趋势发生变化。成形结束后,第一主应变值最终为 0.12~0.14,第二主应变值最终为 0.002~0.006,第一主应变值大于第二主应变值两个数量级。第一主应变在板料中沿着该圆角部位的切向分布,第二主应变沿着板料纵向分布,板料的切向方向伸长应变大于纵向方向的伸长。在刚性模整形阶段,观察 3 个测量点的第一主应变值和第二主应变值都发生了增长,说明材料在充液成形阶段没有充分变形,在刚性模的冲压力作用下,进一步贴靠凹模继续变形。因为第二主应变在两道成形工艺中的数值都非常小,数量级为 10^{-3},而且第一主应变即厚度方向的减薄应变的绝对值远大于第二主应变的绝对值。因此,鉴于蒙皮拉形工艺过程中的板料受力分析,可以将该部位特征的综合受力分析过程归纳如图 10-35 所示。

分析该小圆角部位的形状结构特征,可以看出,其纵向曲率小,横向曲率大,类似于传统蒙皮拉形成形过程的横向拉形。在充液成形过程中,在流体介质环境作用下,其受力变形状态为在拉形应力的基础上增加了法向应力作用。

在传统的蒙皮拉形过程中,因为刚性模具与板料接触顺序的不同,使得

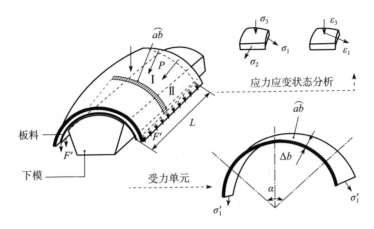

图 10-35 受力变形分析

板料上存在两个主要区域：成形区 Ⅰ 和悬空部分的传力区 Ⅱ，同时因为模具与板料的接触摩擦效应，使得两个区域的拉应力 σ_1 不同，因此沿着拉形方向，板料中的应力分布不均匀，存在应力梯度，纵向应力 σ_2 比较小，对变形的影响作用不大。利用充液成形工艺成形该部位小特征，因为流体介质代替刚性模具同时均匀作用在板料的法线方向上，使得板料的横向和纵向产生双向拉应力，板料变形比较均匀。

同理，对于 B 区小圆角特征处的板料变形情况，当两种成形工艺的数值模拟结束后，利用同一截面分割线沿着该特征部位的横向对模拟结果进行截面剖切，得到该局部板料分别在两种成形过程结束时对应的数值模拟变形结果，如图 10-36 所示。

从图 10-36 中可以看出，该变形区域（门把手）的两个小圆角特征处的板料在充液成形结束时没有完全贴靠下模，中间板料在周围板料贴靠模具后，因为摩擦阻力的作用很难进一步充分成形。同理，为了定量说明局部难成形小特征的变形规律以及进一步验证不同工艺过程中的成形性，在该局部区域，选取了两个测量点，然后分别测量了两个点在两道成形工序中的第一主应变和第二主应变，再对第一主应变和第二主应变的变化规律进行分析、归纳。分析结果如图 10-37 所示。

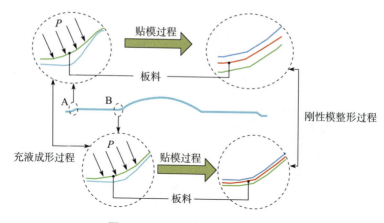

图 10-36　B 区的小圆角变形过程

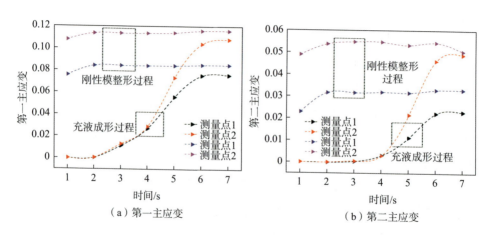

（a）第一主应变　　　　　　　　　　（b）第二主应变

图 10-37　B 区的主应变变化曲线

从图 10-37 中可以看出，在充液成形阶段，两个圆角特征区域的材料的第一主应变和第二主应变都成递增的趋势，板料处于双向受拉的应力状态，其中第一主应变起主要作用。其中第一主应变的值小于 A 区圆角特征处板料在充液成形阶段的第一主应变值，第二主应变值远大于 A 区圆角特征处板料在充液成形阶段的第二主应变值。在刚性模整形阶段，两个圆角区域板料的两个主应变值均有微小的递增趋势但变化幅度很小，说明了该圆角特征区域的板料在充液成形阶段已经实现大部分变形，为了实现完全变形需要变形幅度较小的刚性模局部冲压。可以得出结论，该部位的小特征，在生产设备允许的条件下，增大液室压力，有充分变形的机会。

同理，对于 C 区小圆角处的板料变形情况，当两种成形工艺的数值模拟结束后，利用同一截面分割线沿着该特征部位的横向对模拟结果进行截面剖切，得到该局部板料分别在两个过程结束时对应的数值模拟变形结果，如图 10-38 所示。

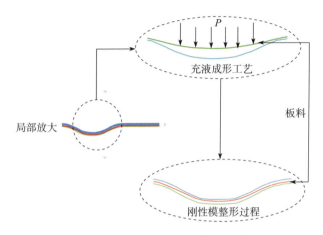

图 10-38　C 区的小圆角变形过程

同理，从图 10-38 中可以看出，该变形区域小圆角特征处的板料在充液成形结束时没有完全贴靠下模，中间板料在周围板料贴靠模具后，因为摩擦阻力的作用很难进一步充分成形。同理，为了定量说明局部难成形小特征的变形规律以及进一步验证不同工艺过程中的成形性，在该局部区域，选取了两个测量点，然后分别测量了两个点在两道成形工序中的第一主应变和第二主应变，再对第一主应变和第二主应变的变化规律进行分析、归纳。分析结果如图 10-39 所示。

通过观察图 10-39 可以看出，在充液成形阶段，该局部区域特征的板料的第一主应变和第二主应变都呈递增的趋势，板料处于双拉的应变状态，第一主应变起主导作用；在刚性模局部整形阶段，两个方向的主应变仍呈递增趋势，而且增长幅度比较大，说明该处的小特征在充液成形阶段变形不充分程度比较大，后经过刚性模整形阶段，发生了较大的塑性变形，最终贴靠模具，后期刚性模局部冲压工序不可或缺。而且，在 C 区小圆角的成形过程中，第一主应变起了主导作用。

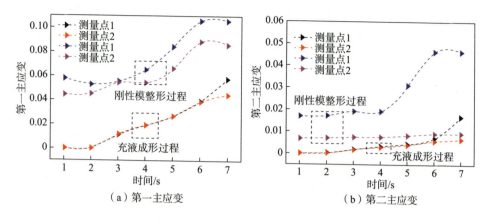

图 10-39　C 区的主应变变化曲线

总结 B 区和 C 区的局部小圆角特征形状尺寸和应变变化规律，可以将其变形过程类比于普通拉延成形工艺过程，其原理如图 10-40 所示。

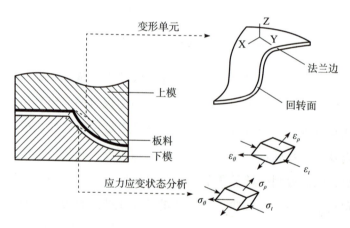

图 10-40　刚性模整形 C 区板料变形受力图

综上分析可以得出，3 个小圆角特征区域 A 区、B 区和 C 区的板料在充液成形阶段变形不充分，A 区板料沿着圆角切向方向应变比较大，第二主应变小于 B 区和 C 区的第二主应变，变形程度非常小，该部位的板料变形类似于蒙皮拉形工艺；在刚性模局部整形阶段，3 个区域的两个主应变都发生了不同程度的增加，其中 A 区和 C 区的板料变形增长趋势大，说明了经过刚性模局部整形过程，小圆角特征变形更加充分，刚性模局部整形过程是有必要的。B 区的板料变形程度不是很大，说明适当地调整液室压力与合模力的匹配关系也可以使这两个部位的板料在充液成形阶段即可充分变形。以上说明了在保证铝合金零件已成形部位表面质量良好的前提下，兼顾所有结构特征的成形尺寸精度，综合了充液成形流体润滑优势以及传统拉延工艺大变形优势的充液复合成形工艺，说明该成形方案切实可行，而且具有一定的应用前景。不仅如此，利用该复合成形工艺，还可以降低设备的吨位和模具的数量，节省了物质的投入，很大程度上提高了生产效益。同时，基于结构特征对成形工艺的选择有一定的借鉴意义。

后 记

在本著作临近出版之时,恩师郎利辉教授因病逝世,初闻噩耗,非常震惊,回想过往,更是万分悲痛!

郎老师自 2004 年学成归国后,一直奋斗在我国航空航天教育及科研第一线,是我国充液成形技术领域的开拓者之一,为我国塑性加工技术的发展做出了重要贡献,得到了行业专家的高度认可。郎老师是国家级创新团队负责人和领军人才,他经常表示只要国家有需要,必将义不容辞。他带领团队务实进取、敢为人先、开拓创新,研究国际前沿领域,奋力解决"卡脖子"问题,成功攻克了整体薄壁件充液成形工艺与装备的关键技术难题,为复杂钣金成形提供了新的工艺方案与装备,实现了航空航天领域多种关键薄壁构件的高精度成形,为我国国防事业做出了重要贡献。

郎老师科研成果颇丰,发表学术论文 300 余篇,获得授权发明专利 40 余项,作为副主编,组织编著了《锻压手册(冲压卷)》,编著了《板材充液先进成形技术》及《板料成形 CAE 设计及应用:基于 DYNAFORM》等多部教材和专著。获得德国洪堡基金,教育部新世纪优秀人才,丹麦杰出青年项目等多项荣誉,在中国机械工程学会塑性工程分会、日本塑性加工学会,国际生产力工程学会等多个学术组织任职。作为负责人曾主持总装预研重点项目、国家高档数控专项、国家科技支撑计划、国家自然科学基金等多个国家级项目。2019 年获天津市科学技术进步一等奖和黑龙江省科学技术发明一等奖,2020 年获国家技术发明二等奖。

恩师的音容笑貌恍如昨日,他一生心系教育,心系国防,把毕生的心血都奉献给了党的教育和科研事业,他不忘初心、矢志报国、勇于创新、甘为人梯、潜心育人,桃李满天下,深受同事尊敬、学生爱戴。他真诚无私地提携后学,培养了近百名博士、硕士研究生,每位学生都深受郎老师严谨的态度、正派的学风影响,在各自领域取得了诸多成就。成为郎老师的学生,是

后　记

此生最荣幸的事情，我书写至此更不由泪流满面。

恩师生前对于本书的出版寄予厚望，谨以此书深切怀念郎利辉教授。

王耀

2022 年 10 月

内容简介

先进热介质成形技术是板材成形加工领域重要的支撑技术，在航空航天、汽车、轨道交通等领域有着广泛的应用。本书从热介质成形基础理论出发，系统、详细地介绍了热介质充液成形 DFC-MK 模型、基于 DFC-MK 模型的成形极限、热介质充液成形失稳起皱规律、充液热胀形基本规律、固体颗粒介质成形流动模型、高温固体颗粒介质成形试验、固体颗粒介质成形数值仿真技术。同时，对相关充液成形衍生技术进行了介绍，研究成果将在各种复杂薄壁结构的精确成形制造中起到重要的作用。

本书可供从事航空航天制造工程、板材成形、塑性加工和钣金质量控制等领域研究的科技人员参考，也适合大学相关专业的师生阅读。

Advanced warm/hot medium forming technology is an important supporting technology in the field of sheet metal forming and processing. It is widely used in aerospace, automobile, rail transit and other fields. Based on the basic theory of warm/hot medium forming, this book systematically and in detail introduces the ductile fracture criterion MK model of warm/hot hydroforming, the forming limit based on ductile fracture criterion M-K model, the instability and wrinkling law of warm/hot hydroforming, the basic law of warm/hot hydro-bulging, the flow model, forming test and the numerical simulation technology of solid granular medium forming. Meanwhile, the related derivative technologies of hydroforming are introduced. The research results will play an important role in the accurate forming and manufacturing of various complex thin-walled structures.

This book can be used as a reference for scientific and technological personnel engaged in aerospace manufacturing engineering, sheet metal forming, plastic processing and sheet metal quality control. It is also suitable for teachers and students of relevant majors in universities.